U0256843

寻味『南』半球：食肆无疆

蔡澜／著

青岛出版社

图书在版编目（CIP）数据

寻味“南”半球：食肆无疆 / 蔡澜著. –青岛：青岛出版社，2018.2（蔡澜寻味世界系列）
ISBN 978-7-5552-6777-5

Ⅰ.①寻… Ⅱ.①蔡… Ⅲ.①饮食–文化–世界 Ⅳ.①TS971.201

中国版本图书馆CIP数据核字（2018）第025955号

书　　名	寻味“南”半球：食肆无疆
著　　者	蔡　澜
出版发行	青岛出版社
社　　址	青岛市海尔路182号（266061）
本社网址	http://www.qdpub.com
邮购电话	13335059110　0532-68068026
选题策划	刘海波　贺　林
责任编辑	石坚荣
插　　画	苏美璐
设计制作	任珊珊　潘　婷
制　　版	青岛帝骄文化传播有限公司
印　　刷	青岛名扬数码印刷有限责任公司
出版日期	2018年7月第1版　2018年7月第1次印刷
开　　本	32开（890毫米×1240毫米）
印　　张	9
字　　数	200千
图　　数	29幅
印　　数	1-10000
书　　号	ISBN 978-7-5552-6777-5
定　　价	45.00元

编校质量、盗版监督服务电话　4006532017　0532-68068638

建议陈列类别：散文类　饮食文化类

目 录

第一章 东南亚 “乡”、甜、鲜味

第二章 南亚 神秘古老

第三章 大洋洲 花香酒醺

第四章 非洲 狂野文明

第五章 南美 热情壮阔

第一章

东南亚

『乡』、甜、鲜味

新 加 坡

香 格 里 拉

回新加坡去拍摄旅游节目，时间紧迫，三过家门而不入，下榻于香格里拉酒店。

这家旅馆落成于一九七一年，不知不觉，已数十年。

老翼的房间依然非常气派。单单是浴室已有一般旅馆房间那么大，可放一张床，花洒处并非只能容纳一人站立那么简单，更能让客人坐下，像日本浴室般，可冲洗之后再浸入浴缸。房间内设备齐全，几部电话，一架传真机，书桌像酒吧里的吧台那么宽、长。这是理想的撰稿处。

新翼叫“山谷翼”(Valley Wing)，上几次和金庸先生来住过，像高级公寓多过旅馆。楼下的大堂有糕点、茶、酒招待客人。

一九九八年，“香格里拉”又花了九千五百万新币重新整理，大堂设有落地玻璃的巨壁，又新加了许多设施。今年年底会建一个很大的健身房和一家新的高级餐厅。屋外花园占地面积大得惊人，可当植物园散步，其中的小型高尔夫球场是它的特色。现在世界各大城市都有香格里拉酒店，新加坡这家是旗舰店，非弄得尽善尽美不可。

“滩万”（Nadaman）日本料理似乎与“香格里拉”结下了不了缘。“香格里拉”每开一家旅馆，“滩万”必在其中设有分店。“滩万”保持一贯的高级水平，略有小瑕疵，一经客人指出，即刻改善。初到香港港岛上的那家，我并不满意。经理不但不生气，而且感谢我，说比吃了不满意又不出声却不再来的好得多。后来再次前往，改进得接近完美。

新加坡这家香格里拉酒店在市中心的乌节区，但并不靠近喧闹的大道，像藏于深山之中，所以从《消失的地平线》那部小说中取了“香格里拉”四个字作为名字。

周围有小巴穿梭于购物点，并非交通不便；还有咖啡座二十四小时营业，客人可以随时吃到高水准的海南鸡饭或炒粿条；另外有一家出品精致的甜品店。

虽然没有莱佛士酒店历史悠久，但三十年来，新加坡香格里拉酒店也成为旅馆中的经典了。

新加坡司令

新加坡的莱佛士酒店，已重新装修得美轮美奂。我这种“坏客人”，还是喜欢旧时的破落。

当年客人不多，是因为大家嫌贵嫌设备不够。但对我们这些喜欢情调的旅人来说，“莱佛士”再便宜不过，可以轻易地住进卓别林、毛姆的套房，洗手间比普通旅馆的大很多。

最舒服的，莫过于坐在大堂旁边的酒吧。一到傍晚，酒鬼们都集中在那儿喝“新加坡司令”（Singapore Sling）。“新加坡司令”是这家酒店首创的。

能做出最原汁原味的鸡尾酒的酒吧并不多，新加坡的“莱佛士”有“新加坡司令”，已闻名于世。在二十世纪三十年代，在新加坡从事饮食业的大多数是来自中国的海南人，这种鸡尾酒也是海南酒保发明的。

最初，“新加坡司令”是调来给女士们喝的，因为它是粉红颜色的，酒精度又不高。现在，男女老少各色酒徒都爱上了它，在香港酒吧也可以喝到，但是如果你去新加坡，最好到“莱佛士”试试。

调制过程是这样的：三十毫升的金酒（Gin）、十五毫升樱桃白兰地、七点五毫升橙酒（Cointreau）和七点五毫升的廊酒（Dom Benedictine），再用十毫升的石榴汁（Grenadine）来染红，一百二十毫升的菠萝汁来调味，最后加上一滴奥古斯图拉苦酒（Angostura Bitter），杯口放一片菠萝和一个樱桃点缀，大功告成。

顺带一提，“莱佛士”的另一种首创鸡尾酒叫“百万元鸡尾酒”（Million Dollar Cocktail）。秘方是三十毫升金酒、七点五毫升涩苦艾（Dry Vermouth）、七点五毫升甜苦艾（Sweet Vermouth）、一滴奥古斯图拉苦酒和一滴蛋白液，再加一百二十毫升菠萝汁。

这种鸡尾酒被毛姆吹嘘得红透天下，他在其作品《信件》中再三提及。今生今世，我大概也不会有毛姆的影响力，要不然自创几种鸡尾酒，味道也不会逊于别人做的，让它们发扬光大，也是件很过瘾的事。

炒辣蟹

候机楼中，倪匡兄看到有法国羊角包："这种东西，我最喜欢吃。"

正要伸手拿一个，又看到旁边有一锅粥，连吃两碗粥，放弃羊角包。

"中国人，还是吃回中国的（即中国人还是习惯吃中国食物）。"倪匡兄说。

面档还没开始营业，我则连吞几粒小笼包和鱼翅饺。一般，我尽可能避免吃飞机餐。

从香港国际机场到樟宜机场，要飞三个半小时。出发前一晚，我通宵写稿，本来想好好睡它一觉的。

通常，看看报纸，飞机在跑道上时，我已呼呼入睡。不知道为什么，在这一小段时间内容易入眠。后来我看到一个医学报告上说这个时候飞机舱内的氧气特别稀薄容易让人犯困。原来是有根据的。

正在蒙眬之中，邻座有人打开电视，看最新上映的《蝙蝠侠》。这部电影在影院上映时错过了，此时怎么可以不看？

这一下子可好，片长两个多小时，看完已快抵达新加坡。再读一会儿杂志，飞机已经降落。

弟弟和主办演讲的单位的代表来迎接。一看表，两点多，此时无论是吃午饭还是晚餐都“不三不四”。

经过海鲜餐厅，找到了“珍宝”。不知是不是员工休息时间，这家人上次去拍过节目，非营业时间也得做给我们吃吧。

清蒸了一尾笋壳鱼，倪匡兄吃得津津有味。再下来的石斑很大条，做成炒球和焖苦瓜两味，肉硬，大家不欣赏。

“来碟这里得奖的炒辣蟹吧！”我建议。

倪匡兄说：“咬不动，近来已少吃蟹。”

想起他说旧事：“身体最硬的部分，都已软掉。”

人家以为他在讲黄色笑话，他老人家慢条斯理：“我说的是牙齿。”

螃蟹上桌，众人劝他试一块。他吃了果然赞好。

这道令新加坡人感到自豪的菜，如果你吃罢开口大骂，就要伤他们的心了。伤不伤心我无所谓，看倪匡兄吃得高兴，也就是了。

吃　鱼

入住浮尔顿酒店。倪匡兄看了那高楼顶，感叹道：“从老殖民地政府机构改造来的建筑物，是有一种现代旅馆没有的气派。”

到了房间，更为高兴，从楼下的客厅到楼上的卧房，倪匡兄像顽童似的爬上爬下，一点也不觉得辛苦。

一位团友做制衣生意，把中国丝绸运到意大利加工，再送回国内工厂，做成色彩缤纷的成衣，然后拿去美国卖。

他给了我三件大码的。我一穿说还是中码的合身，想退回给他。他说转送给朋友好了。

我就将衣服拿给倪匡兄，想不到大小正好，就是长了一点。“哈哈哈哈，”倪匡兄大笑四声，“这次来星马（指新加坡和马来西亚），正好派上用场，一共六天，每件穿两天，刚刚够用。”

晚上，两人粉墨登台，上去唱双簧，观众大乐。新加坡我常去，当地人对我已没新鲜感，主要是来看倪匡兄的。演讲要有一个题目，

主办方问有什么题目，我们都说想到什么讲什么，结果就在牌子上写了“无题”两个字。

这次有“天地图书”的编辑陈婉君同行，她会将我们做的三回演讲编成一本书。有兴趣的读者待图书出版后去买书好了。演讲的内容我就不在这里重复了。

其实，讲了什么，我已忘得一干二净。事后再问倪匡兄，新加坡之行，印象最深的是什么。

“吃呀！”他说，“‘发记’的潮州菜，是那么令人难忘的。”

从最先上的卤水花生开始，吃到最后的猪油芋泥，倪匡兄每一道菜都赞好。“活到七十岁，还有新东西尝试，从来不知道潮州菜有那么多的变化。”他指的是西刀鱼鱼生。潮州鱼生从前香港也有，但用的是鲩鱼，当今香港连鲩鱼也禁止生吃了，倪匡兄对西刀鱼当然感到新鲜。还有蒸大鹰鲳、野生笋壳、肉塞大鳗等，每道菜都是他最爱吃的，当然难忘。

我笑着说：“这次不是来演讲，是来吃鱼的。”

新 巴 刹

巴刹，是从中东语“Bazaar”翻译过来的，指市集，在南洋是菜市场的意思。

新加坡从前有三个大巴刹：老巴刹、铁巴刹和新巴刹。母亲带我去得最多的是新巴刹，现在提起，好像又闻到很多复杂的味道：蔬菜味、药味和书香。后者是因为有位同乡，姓吴，在那里开了一家“潮州书局”。妈妈当校长时，下课后常常去采购一些文具。我就乖乖地在书店一角看书，从儿童书看起，到杂文、小说和其他文学翻译书籍，什么都看，一拿上手就放不下。

吴老板甚爱国，之后，就回国参加革命去了，把书店留给了他的外甥。我们照去光顾，事情办完，就顺便买菜回家。

印象最深的是一个可以买到“咸酸甜”的摊位。什么叫“咸酸甜”？就是潮州的一些送粥的小菜。新巴刹一带住的都是潮州

人，当然也把潮州的饮食习惯从中国搬过来。当时潮州人穷，也老远地过番（即离开故土，到外国谋生）到南洋来谋生。人一穷，吃不起饭，唯有吃粥。而吃粥需要一些很咸的东西来送。吃一点点就可以送很多粥，钱就省下来了。

东西虽然便宜，花样可真多。首先看见的是“钱螺鲑”。这个“鲑”字正字是“醢”。它是用小螺腌制而成的。小螺也就是宁波人说的黄泥螺，不过潮州的壳薄。不会吃的人容易一下子咬破，应该将舌尖卷起，把螺肉吸进口，但要把螺的内脏留在壳里，其他的全部吃下。肉也比黄泥螺的软，不会起渣。

宁波和潮州两个地方都沿海，都穷，下粥的小菜有很多相同的地方。宁波人腌制的小蟛蜞，潮州也有，形状和普通螃蟹不一样，更像大闸蟹，不过是迷你版的。剥开壳，里面有很多膏。铜板大的那么一小只，膏当然也极有限，但只要那么一吸，一小口膏的香味就极为浓厚，一下子就能送一大碗粥。

我对乌榄也记得很清楚。和西洋榄种类不同，乌榄非圆形，两头尖，核亦然，里面有仁，极香。乌榄要用盐水煮过，再腌制，腌制的时间和过程要控制得极准，否则不是太硬就是太烂。

腌制得好的乌榄，有奇特的香味。从前都不介意什么卫生不卫生，自从有人吃出毛病来，我就很少去碰了。偶尔在香港九龙城看到也不敢去试，非常怀念。明天就去买回来吃，管他拉不拉肚子。

你说的乌榄不就是黑榄菜吗？当今各杂货店都有得卖呀。不同不同。黑榄菜是用黄绿颜色的青榄加重盐腌制而成的。从前，香港上环潮州巷有一家店做得最好。当今已找不到，市面上的都是大路货。

偶尔，香港九龙城的“潮发”杂货店也会自己做。如果你买回来试，便会发现有一股黑松露味。两种食材，价钱相差十万八千里，只有吃不吃得惯、感不感到珍贵的差异而已。

还有深绿色的黄麻叶。那是将黄麻的嫩叶用滚（指烧开的意思）水煮过，再加腌过咸酸菜的汁来浸泡。这种汁含有多种氨基酸和酒石酸，浸过之后黄麻叶会有很可口的风味。通常买回家后用蒜油炒它一炒，再加点普宁豆酱就能当小菜了。吃不惯的人不觉得有什么道理。我在香港九龙城一看到，就会向朋友说这是大麻的叶子，大家一好奇，就会去试，但其实不会产生什么幻觉。

再讲下去，三天三夜也说不完。我早年去潮州，发觉在酒店吃早餐时送粥的小食只有十来种，心有不甘，自己到菜市场去采购，结果买了一百碟，排起来吃“糜阵”。这种“糜阵”至今还被张新民等人当成宴请外宾的一种形式。

再说回新巴刹。走到前头，还有家演大戏的剧院，名叫“梨园”，已没有人会记得了。“潮剧”已没落，剧院改为一幢商场。

在那里，经常会遇到我家的一位远房亲戚，也姓蔡，肚皮巨大，腰间有条很粗的皮带。皮带上有几个长方形的小钱袋，可以把一生积蓄藏在身上。这条皮带非常精美，如果留到当今，那会成为一件艺术品。倘若缠着它到外国去，一定被洋人投以羡慕的眼光。

这位亲戚是个“甲鱼大王”，他有队伍在马来西亚专抓野生甲鱼。他时常把最大的甲鱼拿来给妈妈做菜。当年不认为野生大甲鱼有什么特别，现在可以当宝了。

他有一个儿子，叫照枝，我们一直叫他照枝兄。他可是位风流人物，手里一有钱就去“蒲酒吧”，后来生意转淡，他跑去驾的士（即开出租车），一连娶了两个老婆，还照“蒲酒吧”。

福建薄

从“潮州书局”再向前走，大路边就是“同济医院”。这是南洋最早的慈善机构，免费为人看病，但抓药得到后面那条街的“杏生堂”。

我小时候也老生病。记得那时药是一帖帖买的，不像当今一开七八帖。那时都用“玉扣纸”包着草药，外面用水草打了一个十字结，药方折叠成长条，绑在水草上，颇有艺术品的感觉。

“同济医院”旁边的小吃摊最多了，出名的是一家卤鹅。与其他潮州酒家不同，他家用的汁味浓，卤出来的鹅肉黑漆漆的，但香气扑鼻，肉亦柔软，充满甜汁。也有一两档卖炒蚝烙的，还有榨甘蔗汁的。

近来常梦到新巴刹，于是再去寻访，却只剩下“同济医院”这座老建筑当古迹保存了下来，其他的都被夷为平地，起了高楼大厦。

此新加坡，已经不是我的新加坡。除了拜祭父母，不去也罢。没有什么值得怀念的了。

发　记

周游世界各地，我认为新加坡的“发记”应该是世界上最好的茶餐厅之一。

“发记”的地点在厦门街的旧区翻新建筑物之中，地方宽敞，带有浓厚的唐人色彩。装修则无中餐馆的花花绿绿，一切从简，以食物取胜。

老板李长豪，肥肥胖胖，四五十岁，正是当厨师的最佳状态。他门牙中有一条小缝，整天面露笑容，平易近人。大师傅为难不了他，有什么人辞职他就亲自下厨。当然，菜品的水准的控制，食物的设计，都出自他一个人。

他从其祖父和父亲那里学来的潮州菜，一点也没走样。当年辛辛苦苦从大排档做起，到在“同济医院”旁开煮炒店，再发展到现在，数十年工夫。

最难得的是，漂洋过海到南洋的华侨，勤奋地扎下根后，菜

式的变化不多。也许这是一种固执，但只有固执，才不会搞出令人“闻之丧胆”的“Fashion”（新潮）菜来。

什么叫正宗呢？举个例子吧。

鲳鱼，广府人（指广东省的广府民系，以珠江三角洲为中心，以粤语为母语）不认为有什么了不起，因为它离水即死，不是游水的（指鲜活的），不被重视。潮州人则不同，他们认为鲳鱼是上品，但会蒸鲳鱼的人已不多。我怕这个古法失传，拍电视节目时特地跑回新加坡，用摄影机记录下来。

潮州人认为鲳鱼越大条越好。蒸鱼过程是这样的：取一条约两斤重的，只要蒸五分钟就熟。

五分钟？怎么蒸？鱼身厚，上部太熟，底部还生呢？

有办法，那就是在鲳鱼的两面各横割深深的三刀，头部一刀，身上一刀，尾一刀，割至见骨为止。

这时，将两根汤匙放在鱼底部的身和尾处，让整条鱼离开碟底。这样一来蒸气便能直透上面这边，还要在割口处各塞一粒柔软的咸酸梅。头部则以整条的红辣椒提起。

在鱼身上铺上切成细条的肥猪肉、姜丝、中国芹菜、冬菇片和咸酸菜，然后淋上上汤。汤中当然有咸味，因此不必加盐。最后是放上西红柿。

以西红柿来取味吗？不是，是用来盖住鱼肚。背上的肉很厚，腹部却薄，如此一来，才不会让蒸气把鱼肚弄得过火。这简直是神来之笔。

放入蒸炉中，开猛火，的确是五分钟就能完成。蒸出来的鲳鱼，背上的肉翘起，像船上的帆，加上芹菜的绿、酸菜的黄、冬菇的黑和辣椒的红，煞是好看。而那白色的肥猪肉，则完全融化在鱼身上，令鱼的肉质更为柔滑。

这才是潮州古法蒸鲳鱼，如今在潮州也吃不到了。

在“发记”，还能吃到不少其他失传的潮州名菜，像“龙穿虎肚”，很多潮州人听都没听过。

这道菜的做法是拿一条五六英尺（长度单位，1 英尺大约相当于 0.3 米）长的鳗鱼，广府人叫其花锦鳝，潮州人称之为乌油鳗（亦叫黑耳鳗，因为它有两只黑耳），蒸到半熟，拆肉，再拌以猪肉碎，然后塞入猪大肠之中，炊熟后再煎。

通常，我对鲍参翅肚没什么兴趣。像鲍鱼，卖到天价，吃来干什么？两头鲍早就尝过，还吃什么二三十头的？但是“发记”做的，价钱相当合理。因为他们用的是澳洲干鲍，虽然肉质不及日本的，但胜在李长豪手艺好，称得上一流料理。

制作这道菜的程序是复杂的：浸水十二小时，换水，再浸十二小时。以老鸡三只，排骨六公斤，三层猪肉六公斤，鸡脚两公斤，大锅熬出三升汤来。再用此汤浸。这时，用猪油来夹着鲍鱼，以八十五摄氏度的火煮五十个小时，直到那三升的汁收至一半为止。看着火候的，还有一个专人呢。当然不是一般的下蚝油、炆制那么简单。

这时扁平的鲍鱼会胀起，用手按一下，全凭经验看它是否软熟，弄到让客人觉得物有所值为止。

至于鱼翅，则要选鲨鱼尾部下面那块。不识货的以为背鳍最好，其实鲨鱼游在水中，这个部分经常碰撞，有呈瘀血的现象，皆为下等翅。以老鸡、鸡脚、猪肉皮、猪肚肉等搭配焖制，焖到汤汁收干为止。潮州人焖鱼翅，是不加火腿的。

这道菜只能偶尔一试，我个人也反对杀鲨鱼，只把过程介绍一下而已。

自己叫的菜中有一样很简单清淡：将黄瓜去皮去瓤，用滚水烫之，再浸以冰水，让黄瓜脆了，加小虾米和冬菜煮之，已比鱼翅好吃。

另有一道鸡蓉汤也不错。剁鸡肉不用砧板，而是把鸡肉放在一大块猪皮上剁碎。此法亦失传。

大家以为只有日本人吃刺身，不知道潮州早已有鱼生这道菜，但这道菜要事前吩咐好才做得出。从前是用鲩鱼做的，但近年来怕污染，只采用深海鱼“西刀”。将鱼肉切成薄片，像河豚刺身一样铺在彩碟上，片片透明。

配料倒是复杂的，有菜脯丝、中国芹菜、酸菜、萝卜丝、黄瓜片和辣椒丝等，夹鱼片一起吃。后来这道菜演变为广府人常吃的“捞起”，他们用的则是鲑鱼。

蘸着叫“梅膏”的甜酱吃，味道又甜又咸。这味道或许有点怪，但潮州人的这个吃法是从古老的口味传下来的，不好吃的话早就被淘汰了。如果实在不能接受又甜又咸的，还有种叫“豆酱油”的佐料可选择，亦可口。

最后的甜品，是一道“金瓜盅”。这道菜是将整个南瓜塞芋泥做的。将南瓜去皮后，用冰糖浸一天，才够硬且不会崩溃。跟着将芋头磨成泥，加猪油煮之，塞入南瓜，再蒸出来。这道菜是甜品中的极品。

有一道失传的甜品，叫“肴肉糯米饭”。用冰糖把五花肉脯熬个数小时，再混入带咸味的糯米饭。上桌时还能看到肥猪肉摇摇晃晃。

我办旅行团，有些地方一切都好，就是找不到好吃的东西。胖嘟嘟的李长豪拍拍我的肩膀，说：“不要紧，带我去好了，我煮给你们吃。”

好个“发记”。学粤语说：“真系发达啦！”

南洋云吞面

有点像《深夜食堂》里的故事，今天要讲的是“南洋云吞面”。

小时候，我住在一个叫“大世界”的游乐场里面。那儿什么都有：戏院、夜总会、商店和无数的小贩摊档。而我最喜欢吃的，就是云吞面了。

面档没有招牌，也不知老板叫什么名字，大家只是叫小贩摊主为“卖面佬”。他五十岁左右。

卖面佬一早起床，到菜市场去采购各种材料，回到档口，做起面来。他有一根碗口般粗的竹篙，一端用粗布绑着块大石头，另一端他自己坐了上去，中间的台子上摆着面粉和鸭蛋搓成的面团，就那么压起面来，一边压一边全身跳动。在小孩子们的眼里，这简直像武侠片中的轻功，百看不厌。

“叔叔，你从哪里来？”我以粤语问他。南洋小孩，都懂说很多省份的方言。

“广州呀。”他说。

“广州，比新加坡大吗？热闹吗？”

“大。”他肯定，“最热闹那几条街，晚上灯光照得叫人睁不开眼睛。”

“哇！”

卖面佬继续他的工作。不一会儿，面皮被压得像一张薄纸，几乎是透明的。他把面皮叠了又叠，用刀切成细面条，再将面条分成一团团的。

“为什么从那么大的地方，到我们这个小的地方来？”还是忍不住问了。

“在广州看见一个女人被一班小流氓欺负，”他说着举起那根压面的大竹篙，“我用它把那些人赶走了。”

“哇！后来呢？”我追问。

“后来那个女的跟了我，我们跑到乡下去躲避，但还是被那班人的老大追到了。我一棍把那老大的头打爆，就逃到南洋来了。”他若无其事地回答。

“来了多久？有没有回去过？”

“哪够钱买船票呢？这一来，就来了三十年了。”

“那个女的呢？”

“还在乡下，我每个月把赚到的钱寄回去。小弟弟，你读书的，帮我写封信给她，行不行？”

“当然可以。”我拍着胸口，取出纸笔。

“我一字一字说，你一字一字记下来，不要多问。”

“行！”

卖面佬开口了：“阿娇。她的名字叫阿娇。”

我正一字一字地写，才发现这一句是他说给我听的，即刻删掉。

“昨天遇到一个同乡，他告诉我，你十年前已经和隔壁的小黄好了。”

“啊！”我喊了一声。

“我今天叫人写信给你，是要告诉你，我没有生气。”

“这，这，”我叫了出来，“这怎么可以？”

“你答应不要多问的。”

“是，是。”我点头，“接下来呢？”

“我说过我要照顾你一生一世，我过了南洋，来到这里，也不会娶第二个的。”

我照写了。

“不过，”他说，“我已经不能再寄钱给你了。”

我想问为什么，但没有出声。卖面佬继续说：“我上个月去看了医生，医生说我不会活太久，得了一个病。”

“什么病？”我忍不住问。

“这句话你不必写。我也问过医生，医生说那个病，如果有人问起，就向人家说，一个‘病’字，加一个‘品’字，下面一个‘山’字。”

当年，这种绝症，我们小孩子也不懂，就没写了。

“希望你能原谅我。但只要还有一口气，我还是会寄钱给你的。”

卖面佬没有流泪，但我已经哭了出来。

南洋云吞面，多数是捞面，汤另外上。因为在南洋大地鱼难找，于是改用鳀鱼干。南洋人用江鱼仔来熬汤，别有一番风味。

汤用个小碗盛着，里面下了三粒云吞。云吞是猪肉馅的，包得很小粒。

面中碱水下得不多，所以没有那么硬，也可能是因为面粉和广东的不同，面很有面味。

面煮熟后捞起，放在碟中。碟里已下了一些辣椒酱、醋和猪油，混着面，特别香。面上铺着几片叉烧。所谓叉烧，一般的店只是将瘦的猪肉染红，不烧，切片后外红内白。有些叉烧做得好的店，是用半肥半瘦的肉烧出来的，但下的麦芽糖不多，没那么甜。

另外有一点菜心。南洋天气不打霜，菜心不甜，很老，不好吃。但吃惯了，又觉得有独特的味道。

一直保持着的，是下大量的猪油渣。喜欢的人，还可以向店家要求多放一点。这种猪油渣炸得刚刚好，指甲般大，奇香无比。

另外有碟酱油，用的是生抽，酱油碟中还下了青辣椒。

青辣椒切段，不去籽，用滚水略略烫过，就放进玻璃瓶中，下白醋和糖去浸。浸的功夫很要紧，太甜或太酸都是失败的。有了这些糖醋青辣椒配着云吞面吃，特别刺激，和其他地方的云吞面完全不同。

南洋云吞面只在新加坡和马来西亚吃得到，虽也叫“云吞面”，但已是另一种小吃了。

几家新加坡食肆

回新加坡拜祭父母，一家人点了香，烧了衣，拜祭完毕，之后便去大吃一顿。这是惯例。

上次去做《蔡澜家族 II》的演讲时，好友何华兄带我去过一家潮州餐厅，叫“深利美食馆”，印象甚佳。这回就带姊姊（即姐姐）、大嫂、弟弟、侄女们去试，大家都说好吃。

老板也姓蔡，名叫蔡华春，蓄着小胡子，戴黑粗框眼镜，热情相迎。他捧出花生来。潮州人做的花生是软熟的，我最爱吃，比炸的美味。上次来时，蔡老板问我意见，我说可以加卤鹅的酱汁。这回果然吃出酱汁的味道来，可以送啤酒三大杯，吃完一碟又一碟。

农历新年将至，新加坡有吃“捞起”鱼生的习惯。这是广东人的习俗。潮州餐馆是常年都做鱼生的。问有没有，蔡老板点头，捧出一大碟来，用西刀鱼做的。这种鱼只产于南洋，非常活跃，跳起来像一把西洋弯刀，故称西刀鱼，做鱼生最肥美。这里依照古法，另上一碟伴菜，有中国芹菜、白萝卜丝、胡萝卜丝、老菜脯丝、小酸柑等。酱料也完全按照古方，除了采用腌制一年以上的甜梅酱，更难得的还有豆酱油。此豆酱油是用普宁豆酱磨过后加麻油制成的，只有老潮州人才会欣赏。

第一碟被大家一下子抢光，再来再来，又吃得干干净净。侄女蔡芸和“麻将脚”（即一起打麻将的朋友）老谢都是在日本留过学的，特别喜欢鱼生，吃得高兴。老实讲，潮州鱼生不比日本的差。

继续上桌的是蒸鱼。这回叫的不是鲳鱼，而是尾马友鱼，很肥美。这道鱼也按古法蒸出，有大量高汤，一大碟既可当下饭菜，又可当汤喝。潮州人蒸鱼，叫“炊鱼”，汤汁一定十足。

其他菜还有虾、猪脚冻、烩海参、鱼肠等，都有水平。蔡华春五十岁左右，这个年龄刚好向父亲学到古派菜，再年轻一辈就不行了。最后是锅烧甜品，山芋、芋头、白果、番薯等。大家吃得酒醉饭饱。

账单来了，我想付账。姊姊说妈妈过世后留下一大笔钱，成为我们的“公益金”，购置拜祭品的钱也是从这里拿出来的。妈妈实在厉害，生财有道，走后还替我们做好安排。

吃完饭到义兄黄汉民家。他们全家都是天主教徒，不能上香，只在他遗照前鞠了三个躬。

接着便是到弟弟家大玩“台湾牌”，十六张，成员有老谢、

小黄和莉萨，玩个天昏地暗。莉萨是个高尔夫球名将，她身高六英尺二英寸，人又漂亮，带她去做我的保镖最合适。有一回和倪匡兄去新加坡和马来西亚，就由她护驾。热情的读者冲上来，都被她一手拦下，比什么尼泊尔保镖都在行，羡慕死那些有钱人。

翌日，本来想去吃“黄亚细肉骨茶”的，但是浮尔顿酒店（The Fullerton Hotel Singapore）的自助餐实在诱人，中、日、西餐齐全之余，还有当地小贩餐，像印度人的咖喱煎饼、马来人的椰浆饭，都很正宗。我喜欢的是煮鸡蛋。

煮鸡蛋又有什么好吃？新加坡的吃法不同，煮个半生熟，吃时用小铁匙一敲，把蛋分成两半，把蛋黄挖掉，只吃蛋白。小时候被熟蛋黄呛到过，留下心理阴影，从此只吃蛋白。而蛋壳中留下的蛋白，一般都不够多。我的经验，是把蛋浸在滚水中，浸六分钟最妙，这时蛋白才够厚。吃时加又浓又甜的酱油，撒上胡椒粉，用小匙一匙匙挖着吃。实在过瘾得很，别处吃不到这种做法。

预约了珍妮剪头发。她本来在一家叫“Michelle and Cindy”的理发店做，邵氏大厦翻新时被迫搬走，后来理发店的这班女人被香格里拉酒店的美容院收留，做了下去。当今酒店又加租，她们只好再迁移，搬到RELC国际酒店（RELC International Hotel）去了。

敷过热毛巾之后，珍妮用那把锋利无比的剃刀，把须根“沙沙”刮掉，最后连耳朵深处的毛也一根根剃了。做完脸部按摩，再全身按摩，这种快乐无比的享受，不亲身经历过是不会知道有多好的。我对理发店的老板说：“好好保留，这些技师都是新加坡的国宝！”

刚好是弟弟蔡萱的生日。

我跑到餐厅和熟食中心买外卖，要了他爱吃的胡椒炒蟹、羊肉沙嗲、福建炒面、印度罗惹，大包小包地带到他家里。

众人吃得饱饱的，给他过了一个快乐的生日。吃完，当然又是打“台湾牌”三百回合。

第二天要回港了。好在是中午的航班，还有时间，就请侄儿阿华载我去吃个午餐，当然是去加东区的“Glory”。

吃罢还有点时间，又到每次想去又去不成的“加东叻沙”再吃一顿。当年，最著名的叻沙店开在一间叫“Roxy”的戏院后面。当今戏院已改建成一座商业大厦，叻沙店也又开了多间，其中之一在大厦对面。但“Roxy Laksa”这个名字不能注册，这间店就叫“328 Katong Laksa”。

老板娘很摩登，曾是“经典新加坡环球夫人”的得主。店里贴满她的照片，也不乏香港明星的照片，更有著名的戈登·拉姆齐（Gordon Ramay）的照片。仔细一看，我多年前来拍特辑时的照片，也残旧地摆放着。

叫一碗来试。先喝一口汤，的确与众不同。叻沙的秘诀在于椰浆汤，而椰浆不能滚，一滚椰油的异味就出来了。读者们自己做咖喱或椰浆汤时，切记这一点。

除了叻沙之外，还有椰浆饭和烤鱼肉泥的“乌打乌打”（Otak-Otak），都美味。

叻沙的灵魂在于新鲜剥开的蛳蚶。新加坡之外的叻沙都没有加入蛳蚶，在新加坡吃，也加得很少，只有几粒浮在汤上“游泳”。

“328 Katong Laksa”的好处是蛳蚶可以另叫。我要了五块钱新币的，装在另外一个汤碗里面。一捞，一大匙一大匙的蛳蚶，吃个没完没了。

过瘾，过瘾！

马来西亚

萤火虫之旅

到吉隆坡考察下一个旅行团的游览地点和饮食。第一站就是去看萤火虫。

从市中心乘旅游小巴前往，需约两小时车程，先到一家靠河的餐厅吃晚餐。鱼、虾、蟹应有尽有，大排档的炒法，有些带南洋风味的刺激，有些则不辣，但每道菜都新鲜美味。已经饱得不能再饱了，最后又上了福建炒河粉，照样吃得精光。走进餐厅之前，看到客人们从冰箱中自己拿雪条（即冰激凌）来吃，场面混乱。我们一开始不知该怎么付钱，后来才知道是免费赠送的。四方形的长条，用纸张包着，非常原始，红豆味的红豆十足，榴梿味的充满榴梿，不像流水线生产的那么吝啬。

夕阳西下，河流被晚霞染得通红，一艘艘捕鱼的舢板划过。每一幅画面都是沙龙作品，初学摄影的友人看了一定拍个不停。

入夜，来到一个小码头，见众人已排队在等待小艇来载。每艘小艇可坐十几人，大家穿上救生衣后登上。小艇是电动的，静悄悄地出发，客人也受气氛感染，轻声说话，不敢吵闹。

远处有一棵树，叶上有无数萤火虫，不停闪亮。据说，公的每两秒钟闪一次；母的则每三秒一次，较为被动。原来它们是通过互相闪光来求偶的。另一棵树上，有几千只。再过去，一整片的树林，萤火虫已像天上星星，数之不清。观赏萤火虫，只能到十一点多。因为十一点后交配不成，萤火虫就收工睡觉，再也不闪了。船绕个一圈，有半小时的惊叹和喜悦。船夫明白客人只能远观是不满足的，最后把船直冲到树林中，让萤火虫飞入小艇。众人大喜欢呼，都想试试能否捕捉一只带回家。

有只萤火虫飞入我的掌中，但我不忍将它从大自然中带走，遂放之。上了岸，我按 T 恤衫口袋，友人看到有东西在一闪一闪，叫我拿出来看看。我笑着拿出来，原来是手机上的灯。

油 棕 树

在马来西亚公路的两旁，看到最多的，从前是椰子树，现在是油棕树。

油棕树和椰子树应该属于同科，先从地上长出头来，再慢慢长出树干。

最年轻的油棕林，是一个个的树头，甚滑稽。

种植前要有精细的计算，以便长大后方便采集。种得杂乱无章的话，运起来就比较费人工了。

每丛油棕子有几十公斤重，用一根竹竿，上面绑把利刃，一割就可割下来。

一看，小种子有上千粒，用机器可榨出油来。

棕油的用处很多，是生产人造牛油的主要原料，肥皂及很多日用产品都是用棕油做成的。

香港人吃的南洋牌子的花生油和粟米油，也掺了大量的棕油。

只可惜，它不可以代替汽车用的汽油，不然就发达了。

从椰树中提取的，不及棕油的用处广，而且椰子的繁殖力、生命力都没有油棕那么强。

油棕树自看到树头之后，逐渐长高。植树者便会把它的树枝砍下，露出树干来。被砍枝后，树干上留下规则的花纹，也蛮好看的。但树干长高后并不会光脱脱的（此处为光秃秃的意思），会有很多寄生树依其生长，像替它披上了一件衣裳。

它还是产油植物中寿命最长的，可以连产三十年以上的种子。老后，树干已愈来愈高，要采油棕子得用更长的竹竿，很不方便。而且，树愈老，所产种子愈少。

这时，人类做出一种很残忍的行为，那就是向为他们服务多年的“员工”下毒，让油棕树枯死。

油棕树枯死之后一把火烧个干净，再在油棕园重新种起。油棕树后代也不怨恨，默默地为故主服务，直至它们又被毒死的一天。

油棕树的命运最悲惨，每次我经过枯老的油棕树时，都为它行合十礼。

听了流口水的小吃

在吉隆坡，可以找到很多香港吃不到的佳肴。像面包鸡，你吃过没有?

面包鸡的做法是先将鸡肉用咖喱酱炒至半生熟，用锡纸包扎，再在外面包一层面团，烤之。烤出来之后，只见一个大包。打开，拆掉锡纸，流出香喷喷的浆汁，蘸着一块外层的面包吃，很新奇。

这道菜在旧巴生路上的一家餐厅里吃得到。

店里还有以“石头食谱”打出名堂的菜式。所谓“石头”，其实是指用盐包裹食材，再放进炉中烤熟。吃时用棒槌敲开，“砰砰”有声，有石头螃蟹、石头猪手、石头鱼头、石头黄酒鸡和石头白米饭可供选择。

说到原始吃法，有种五谷饭，用糙米、燕麦、小米、黑麦、小麦炊成，能帮助消化，营养比白米饭高出很多。

叻沙已经成为国际食品。到很多五星级旅馆的咖啡室中，打开餐牌（即菜单），在“亚洲特色”的项目里都能找到叻沙。但是一吃，发现只是椰浆煮米粉，哪里是什么叻沙。

真正的叻沙应该出自槟城。先用亚参片、香茅和一种叫“井捞”的鱼熬出橙红色的汤，以此汤浸白色的叻沙粉（即一种像濑粉的粉条），再在粉上铺上鱼肉、干红辣椒丝、菠萝块、黄辣椒丝、薄荷叶、辣椒碎和黑漆漆的虾头膏。别小看这虾头膏，少了它，整碗叻沙便逊色了。一碗完美的叻沙，甜酸苦辣俱全，像人生。

最后要谈的是“擂茶”。这是中国惠州和海陆丰（汕头旧称）等地的一种传统食物。

在刻有花纹的臼中，放入茶叶，再用一根石棒擂成粉末，接着加入炒香的花生，擂成浆状，再放胡椒粉、薄荷叶和芫荽，又擂之。最后加盐和水冲泡，就是擂茶了。

也可用此法做成小食，擂茶叶、虾米之后加豆角、芥蓝、芹菜等，加足七种蔬菜就是。我相信，泰国人吃的用生木瓜丝做成的“宋丹”，就是受擂茶的影响。

真会吃

从新加坡飞吉隆坡只要二三十分钟，但从吉隆坡机场到市内的车程却要超过一小时。东京的成田机场也是如此，我不喜欢。

但有倪匡兄作陪，讲讲笑（即说说笑笑），感觉一下子就到了双峰塔（吉隆坡石油双塔）边的“文华”酒店，放下行李就去吃鱼。

“大同皇朝”的总厨名叫“大鼻”，倪匡兄一看到他即刻说：“和成龙有得比。”

“大鼻”本来要先上白云猪手和猪肠粉，都让我喝回。对这些餐前小食稍一动筷子，正餐就吃不下了。“大鼻”的第一道菜是炖水鱼（指甲鱼），当然是野生的。

倪太太识货，一吃进口便说：“好久没尝到这种味道了。”

生倪穗后，倪匡兄嫂常到餐厅吃水鱼，除了炖的，还有清蒸和炒水鱼裙。后来，水鱼数量骤然减少，是过度捕捉和河水污染之故。接下来吃到的，都是人工饲养的。

“在山上沙地中抓到的。”“大鼻”解释，“叫人特地送来煮给你们吃。”“那应该是山瑞（鳖科动物，在中国属国家二级保护动物，不能食用）吧？”我说。同行的记者小妹分不清什么叫山瑞，什么叫水鱼，要我说明给她们听。“在山上抓到的就是山瑞，在水中抓到的就是水鱼。”我胡说八道，事实上当然不是那么简单。

接着，上了条近十斤重的野生笋壳鱼。“大鼻”怕我们吃不完，只要了肚腩部分和鱼头。我还以为倪匡兄会选鱼的面珠墩（指鱼鳃下边的肉）吃，但他老兄一举筷，就夹了一大片鱼肝。真会吃！

我看头骨下面还有一点点鱼肝剩下，就夹来试试。啊，那简直不是肝，真是满口是油，滑溜溜、香喷喷，一点腥味也没有，真是天下绝佳的美味！

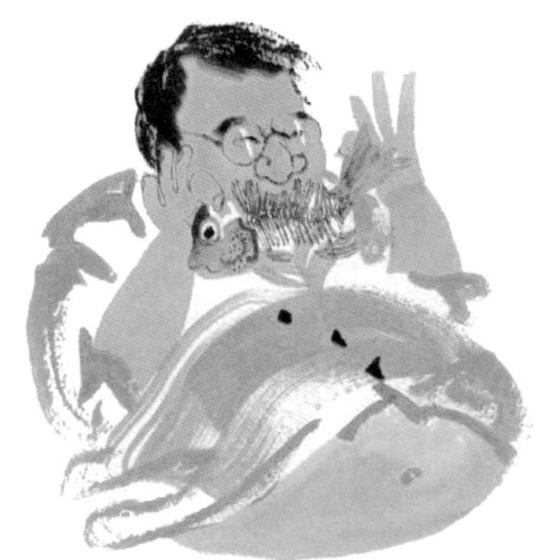

河 鱼 王

去了马来西亚，最大的“食趣”莫过于吃河鱼。

各国的野生海鱼数量已明显减少。当今在香港要吃到一尾不是养殖的黄脚鱲已非易事，只在流浮山附近海域还有人钓到。七日鲜和三刀鱼等，更是可遇不可求。养殖的海斑最乏味，肉质多渣，当今我已尽量避免去吃它了。

野生河鱼及半咸淡水鱼也是少之又少，倪匡兄说他小时候看到黄浦江中的黄鱼，游过来时海面一片金黄，多到渔民都不愿去捕捞。网到的鱼也多没有尾巴，鱼尾是让后面的鱼吃掉的。曾经那么多的黄鱼，也让我们吃得快绝种。近来，内地一尾不到半公斤的野生黄鱼，也要卖四五千块人民币了。

被郁达夫先生不停称赞的富春江鲥鱼，也是同样命运。友人到过上海，说：“也吃到鲥鱼呀，为什么说没有了？”啊，那是马来西亚运去的！品种不同，样子像而已，鳞下不见脂肪，瘦得可怜，叫什么鲥鱼呢？

河鱼是马来西亚最珍贵的天然物产，至今未被普遍认识。我对马来西亚河鱼又爱又怜：一方面它们得天独厚，鲜腴味美；另一方面又担心被过量捕捞，又会是怎样的一个收场？

十大品种的河鱼皆肉肥骨少，多数是受马来西亚政府保护的，产于马来西亚最大的拉让江和最长的彭亨河。只有一代代生活在江河边的土著可以去捕捞，以充生计，其他人是一律禁止的。

话虽那么说，但是土著捕来的鱼，也是卖给出得起钱的老饕，随时随地会捕捞过量的。

有个叫王诩颖的人，在彭亨的劳勿地区建了一处水族馆，起初是把河鱼当成观赏鱼来卖，后来食者渐多。他也认清潜伏其中的危险，建起具有规模的养鱼场，像我们养基围虾一样，让河鱼半野生半养殖，以供应食用。

在这个前提下，我才让他请客，大啖马来西亚十大河鲜。

第一尾，当然也是最贵的，叫“忘不了”，原名为“Empurau”，产于砂拉越诗巫江上流的加必或下流的峇拉加的两段水域之中。前者鱼身较白，肉质更为鲜美；后者长满红鳞，质次之。

这种河鱼嗜吃一种生长于河边的野果，俗称“风车果”。此野果成熟之后掉进河里，“忘不了”便争逐抢吃。有些鱼更冲上激流，愈游愈勇，甚至一下子跳跃而上，从树中咬下食之。

养殖的“忘不了”头一年，体重只有四五克，第二年可达一至二公斤，第三年才有三公斤。酒楼价格一公斤要价五百五十到一千马币（指马来西亚林吉特）。

这次清蒸了一尾四五公斤的“忘不了”给我。好吃吗？的确好吃，又有一股其他鱼没有的香味。鳞刮下来后拿去抹盐，每片鱼鳞有五元港币铜板般大，带着皮下脂肪，鲥鱼鱼鳞绝对比不上。此鱼虽美味，但是“忘不了”的印象，来自价钱多过其肉质。

第二尾，白苏丹（White Sultan），样子像大鲤鱼。它是鲤鱼的近亲吧？但它无一点异味，异常鲜美。价格从一公斤一百八到两百八马币。

第三尾，梦亚兰（Munyalan），译名十分优美。它的价钱是一公斤只卖一百八十马币，因为其一出水即死，都是冰冻的。

第四尾，高鳍拉邦（Raban），名副其实地翘起很高很大的鱼鳍，样子也有点像鲨鱼。清蒸之后虽没“忘不了”那么香，但肉质异常滑嫩。这种鱼全被云顶赌场包去了，只有在那里才吃得到。价格为一公斤一百五至一百八马币。

第五尾，国宝鲤（Temoleh），又称独目鲤，它有双目，名字大概是由马来文译来的，中国人加上“国宝”二字，以示珍贵。

名字有个“鲤”字，但不像鲤，反而接近乌头。

在这些河鱼中，国宝鲤的香味最浓，肉也最肥。蒸鱼次序一搞乱，先上它的话，其他鱼都乏味了。国宝鲤的产量最多，又有游水的，建议大家多食。价格从一公斤一百三至二百八马币，视重量而定，愈大条愈贵。

“鱼王”王诩颖曾经捕捉到一尾野生的国宝鲤，重四十三公斤，长五十英寸。但是他说肉质最佳的是六至十五公斤的，太大的不好吃。鳞倒是鱼愈大的愈鲜美，一片有一只成人手掌那么大的最好。

国宝鲤学名为“Probarbus Jullieni”，上半身呈深绿色，腹部则是乳黄色，是最大的鳞科分类，和它的近亲“忘不了”与“水马骝”一样，也会跳出水面吃果实。

第六尾，笋壳，无英文名字。它是香港人认为的珍贵河鱼之一，在马来西亚的河鱼中，却只排行第六。其肉味淡，多数拿来油爆，不清蒸。但马来西亚的笋壳可以长得极大，一条十公斤以上，卖到一公斤一百三至一百八马币。

第七尾，吉拉（Kerai），分白的和黄的，像全身洁白的鲤鱼，味亦佳，价格为一公斤一百三至三百马币。

第八尾，鲇鱼，也就是洋人所谓的“Catfish”了。但马来种的鲇鱼无须，亦长得很大。

第九尾，红尾虎，无马来名。它的上颚有数条短须，下颚有两尾很长的须。湄公河、亚马孙河和美国的河流皆有产。它的样子倒像我们印象中的鲇鱼。

第十尾，河巴丁（Patin Sungai），在新加坡吃到冷冻的已算非常难得。它样子像“珠三角”的大头鱼，但味更香，腹部充满肥膏，有这种第十位的河鱼来吃，已觉幸福。

因野生河鱼游得快，土著们多数用棒子将其击毙，鱼有瘀血，便不好吃了，故不鼓励。况且河鱼和海鱼不一样，养殖的味道差不到哪里去，在香港吃到的“珠三角”的养殖河鱼，就是一个证明。别杀野生的，让它们繁殖，拿小鱼来养殖，我们才能一直吃下去。

有机会，我还会跟随王诩颖到彭亨河去，和土著打打交道。他们把网到的活鱼扔到燃烧的木堆中烤，就那么吃。这是他们日常的食物。和他们一起吃野生的，不过分。

我想味道必佳，一乐也。

吉 隆 坡

如果要找三至四天的短假期旅游目的地，我的首选还是吉隆坡或槟城，尤其是榴梿当造（即收获）的季节。

从香港国际机场直飞，有“国泰”“马航”。更便宜的机票也有，总之不贵。

“新加坡也行呀。”有些人说。当然，那里还有新的赌场和主题公园呢。但说到吃的，还是马来西亚丰富，而且还固守着原汁原味，不像新加坡的小吃有其形而无其味。

酒店的选择也多，从最优雅的，只有十三间套房，连英国女王也下榻过的卡尔科萨内加拉酒店（Carcosa Seri Negara），到“双子塔”旁的“文华东方”，还有走几步就是购物街的丽思卡尔顿酒店（Ritz Carlton），皆为五星级，但房租与其他大城市相比便宜得多。如果要住上一段时间，丽思卡尔顿酒店旁边有它们管理的酒店式住宅，一房一厅、二房一厅、三房一厅皆全，一家大小来都够住，还有用人房及厨房。

天气热吗？当然，在赤道上的城市，怎会不热。但一早一晚凉爽。当今旅客出入都是开冷气的车子及购物中心，一滴汗也不会流。

一块钱马币约合二元人民币。在那边买手表最超值，没有税。人工、房租便宜之下，买一块手表的折扣，已足够抵你三天的旅费。皮制品也可以以最合理的价格买到。

我喜欢的衣服品牌——“British India”，感觉上较贵，但比欧洲名牌便宜。其用料是意大利麻，水洗不成问题，一件可穿很久。

再买些上等的虾米、小公鱼仔，以及最优质的“枪标”牌的胡椒粉，已值回票价。是的，吉隆坡可以一去再去，不会厌。这回我们又找到一家老式的女子理发店，同行的一位团友说：“几十年了，脸没有那么干净地被刮过。”

绿中海度假村

去年和倪匡兄到新加坡和马来西亚巡回演讲时，遇到好友早慧和叶灵。她们说：“马来西亚有一个隐蔽的小岛，叫‘Pangkor Laut Resort’（绿中海度假村），听过没有？”

“我只知道浮罗交怡。”我说，“有什么好呢？”

“这个岛是很高级的度假胜地，男高音帕瓦罗蒂（Pavarotti）也住过，在西方很出名呀！”

“是吗，是吗？”我向她们要联系方式，叶灵给了我该公司高级职员 Leslie Ong 的电话。

返港后，在网上一查，果然是一个好地方。我和 Leslie 约了时间，趁这回家母的一年祭返回新加坡，住一个晚上，第二天祭拜完了就飞往吉隆坡。

有该集团的工作人员在机场迎接，顺利过关。工作人员用车子先把我送到集团经营的丽思卡尔顿（Ritz Carlton）酒店。当晚，Leslie 和集团市场总监请我吃饭。看总监的名片，写着英文名“Steffanie Chua”，应该和我同姓。只有来自新加坡和马来西亚的“土佬”才把蔡字拼成“Chua”。她的中文名叫蔡佩婷，不只同姓，她还是潮州府城同乡人。

蔡佩婷是靓女一枚，Leslie 也精明能干。我问道：“为什么很少人知道有这个小岛？是不是低调，不肯做宣传？”

“也不是。在英文的传媒中是做足广告的，中文广告较少，是我们努力得不够。”她谦虚地回答，“要不要我先介绍一下？”

“不必了。”我说，“让我从头到尾亲自体验好了。”

第二天，车子来接，八点半出发。经一个多小时车程，来到一个叫美罗（Bidor）的小镇略做休息。早就听说那里的鸭腿面很好吃，就停在了“品珍酒楼”。这是一间大型的南洋式咖啡店，除了有面吃，还卖著名的鸡仔饼。

叫了鸭腿面和云吞面吃。二者都要干捞，只有干捞才能吃出面味。鸭腿汤另一个盅上桌，里面还黑漆漆地炖了药材，看上去很滋补。试了一口汤，味道极佳。面条也爽脆，是我儿时尝过的味道。

再往前，停在一个叫“Tulor Intam”的镇子。那里盛产水果，此时正是收获的季节。吃了一个“猫山王”榴梿后继续上路。

全部车程三个半小时。到了码头，该岛派一艘豪华游艇前来迎接，我们四十五分钟抵达。岛的四周有一座座的高脚木屋，是让一般客人居住的。经理安排让我下榻的住所是在山上，一共有三座别墅，全给我住。另外有私人餐厅和游泳池，一男一女两个管家和一个专用厨师服务。

“要不要看别的住所？”该岛经理问。

“看看也好。”我点头。他送我到海边的住所。此处的比山上的住所少一座别墅，但餐厅和泳池相同，好处是有自己的沙滩，别人不能走进来。

就决定住沙滩上那两座别墅。厨师是马来人，大眼睛，非常精灵，问我要吃什么。我反问：“你有什么？”他拿出中餐和西餐菜单，都是以当天在岛周围捕捞的海鲜来做菜，我说：“这些都没什么趣味性。你是马来人，给我吃马来餐吧。”

他笑了：“先做个午餐，如果不喜欢，晚饭就去餐厅吃。”

他跑进私家厨房烹制一番，端出来的菜精彩到极点。我向他说：“我不去其他餐厅了。”

休息了一阵子，就请经理驾车，环岛一游。这里有两个十八洞的高尔夫球场，还可以打网球、壁球。此外，可以乘游艇看日落，在大岩石上野餐，在料理教室学做菜，去森林小径散步，观看大树和花朵，等等，当然也少不了 Spa。

先做做 Spa 吧，来个马来式的按摩。这里的和泰国的又不同，女服务生力道很足，不像其他地方软绵绵地摸几下算数。想大手笔给小费，她不敢要。

回到别墅里。先去海滩游泳，再冲个凉。花洒特别大，洗澡水由头淋下，让人很舒服。到私家泳池游一回，又去泡喷水耶古齐（即带按摩功能的浴缸），看到猴子探头来偷窥。

管家笑着说：“屋子周围铺了一大圈硫黄，它们不敢进来。”

“有蚊子吗？”

“防蚊措施做得很好。”她回答。

大吃一顿马来晚餐，八道菜，什么沙嗲、咖喱等，应有尽有，非常满意。经理又来问长问短，我最想知道的是这里的价格是多少。

“四天三晚，由八千美元到一万四千美元不等。我们的价钱，是以私密性高低而定，越是没人骚扰的越贵。”

“那也不便宜呀。”我说。

“八千的，有两座别墅，可由两家人住，各四千，平均一千一天，包括所有饮品食物和Spa，有七八个餐厅可供选择。”他说。

这么一算，也不是不合理。很可惜不适合我们的旅行团，因为别墅不是很多间，团友分配不均，易不公平。如果住海边的高脚小屋，房间倒是足够，但不知团友们满不满意。

私人来旅行，尤其是喜欢没人干扰的，那就对路了。整个岛上有四百多位员工，侍候很少的客人，这种服务在别处难找。这是和女友偷情的最佳场所，永远没“狗仔队”出现。团友有兴趣的话，我可代为安排。

听说这个集团在东海岸还有一个小岛，东海岸的海水总比西海岸的清澈，下次要再去试试看，才带各位前往。

榴梿团（上）

近年已甚少举办旅行团。这回去马来西亚，目的明确，就是吃榴梿。此行很有私心，自己也喜欢嘛。

多年前还没有多少人懂得什么叫“猫山王”时，我在二〇一〇年已大力推荐，当今已是响当当的名牌。这次要介绍的是另一品种，叫“黑刺”。

五天四夜的行程，从香港直飞“黑刺”的产地槟城。当地的议员和媒体隆重欢迎。我们先到市内吃午餐，吃的是“Perut Rumah”的“娘惹餐”。我们旅行团的所有食物，都是香港没有的，否则吸引不到人。

什么叫“娘惹”？是中国文化和马来文化结合所产生的，指女性的“娘惹”来自汉语的“娘”，而指男性的“峇峇”则来自“爸”。其食物主要还是中国风味，有些带辣。我最喜欢的是“乌打乌打”，将鱼肉泥和香料混合，用香蕉叶子包裹后烧烤出来的，很香很美味。另一种用蝶豆花天然染料做出来的蓝色粽子，又甜又咸，也给我留下了深刻印象。

餐厅用了很多搪瓷的食器来做摆设，其中有些搪瓷食格碗盏，是早年用来装午餐的珐琅器，英文叫“Tiffin Carrier”，非常之精美，现在已成为古董了。

当天的菜品有：四喜临门、小帽脆饼、五香卤肉卷、迷你娘惹粽、青杧果沙律（Salad，又译为沙拉）、咸菜鸭汤、娘惹香料炸鸡、马来盏炸鸡双拼、炒鱿鱼、沙葛生菜包、椰浆咖喱鸡、辣炒“四大天王”、香料封羊肉、亚参咖喱秋葵鱿鱼、香料鱼蒸蛋、乌打乌打、亚参炒虾、黄姜饭、煎蕊、椰浆香芋等。

吃完登记入住“E&O 酒店”，这是一家与香港“半岛”同级别的古老旅馆，旅游人士称之为“伟大的贵妇”。当今，该酒店已建了新翼，房间数量增加了许多，但保持一贯的传统和服务，是槟城最好、最有风格的酒店，去了莫错过。

休息后，团友乘三轮车游览世界文化遗产区：张弼士故居、娘惹糕点厂和相机博物馆。

到了晚上，我们去了一家甚有规模的餐厅“石湾阁海鲜酒家”。鱼缸里的都是河鱼“忘不了”，至少有二三十尾。我用手机登录“一直播”，本来想直播给大家看，但网络信号不佳，没有办法直播，只有拍下片段放在微博上了。

我们一行二十人，要了两大尾野生的“忘不了”，价钱不去问了，总之是贵得令人忘不了。其味道有如倪匡兄上次来说的：“比鲥鱼好吃，又没那么多骨刺。如果张爱玲吃到，一定觉得没有憾事了。”

当晚其他菜式包括：五福临门拼盘、脆皮芝士球、蒸乌打卷、XO 酱鸡柳、金抹海味松、蜜汁烟肉卷、石锅酿三宝（花胶、鹿筋、水鱼）、咖喱野生大头虾、马来辣炒虾仁、臭豆、江瑶柱炒虾仁、野菌潮州豆干、潮州炒面。

甜品是网友松真杉的燕屋出品的燕窝，每人一大碗，免费给大家品尝。吃过之后，众人说又洁白又香又环保，真是好东西。松真杉的产品和我合作，叫“抱抱燕窝”，可以在“蔡澜的花花世界”淘宝店里买到。

吃饱了，好好睡一觉，梦见翌日吃榴梿。

果然梦想成真。第二天，槟城的议员孙意志带领我们来到榴梿山。一排排的榴梿、山竹、波罗蜜、尖不辣等南洋水果已在等待我们。

迫不及待地剥开一个又大又圆的新品种“黑刺”，肉又香又厚。它在比赛中三年蝉联冠军，真是当之无愧。味道怎么形容呢？我不会，各位一定要亲自试过才知道。

它和“猫山王”比较又如何？我会说，一个是法国女人，一个是意大利女人，各有千秋。

怎么分辨“黑刺”和“猫山王”呢？把“黑刺”转过来，它的“屁股”中央有一个尖尖的黑色的刺。而“猫山王”的“屁股”，有明显分为几瓣的星状花纹。

整体来说，“黑刺”又圆又大，果肉多颗；“猫山王”外形歪歪斜斜，打开来看有些瓣内并没有果肉。一个“猫山王”吃不到几颗果肉，较不实惠。

从名字来比较，还是“猫山王”来得响亮，又“猫”又“山”又“王”，让人一听难忘，“黑刺”在这一点上吃亏了。但“黑刺”还有一个“猫山王”没有的特点，那就是它的树龄愈老，果实的味道愈香浓。如果好好地定位，把它像红酒一样来分年份，一定更有商业价值。我将这一点告诉了议员孙意志，他点头称是。今后若“黑刺”的价格又提高了，各位可别怪我。

吃完榴梿之后吃山竹，真是一点味道也没有了，吃其他任何水果，也都没有味道，所以榴梿称王。

至于榴梿的核，是否可以像尖不辣和波罗蜜的核一样拿去煮呢？不行不行，榴梿核并不好吃，不像其他那两种水果的核有股独特的味道，它们的核比栗子更香。

除了“黑刺”，榴梿山中还有一些所谓“土榴梿”的无名品种，也各有风味。偶尔吃到一个，像偶遇的野蛮女子，身上有股原始的香味，泼辣又令人难忘。那是种福气，不是人人享受得到的。

当地还给我种了一棵榴梿树，叫我命名。我说:“叫‘抱抱榴梿’好了，五年后结了果，我会再来。”

榴梿山其实只是个户区，并不在山上，这个榴梿山没有地址，大家尽可叫它“高渊人冠军榴梿山”。

榴梿团（中）

午饭也丰富，吃榴梿已经吃得太饱，已忘记午饭是什么菜式了。回酒店游泳，晒太阳，小睡。晚上那餐，去之前和餐厅主人通过多次电话。他的语气诚恳，说一定让我满意，我完全相信他。

一见面，他是位年轻人，英文名叫“Steve”，三十一岁，样子还相当英俊。原来，他是位“养鱼大王”，在一个水质干净的小岛旁边拥有无数的鱼排，做餐饮只是他的兴趣。

他从鱼缸中抓出一尾两人合抱的足有三十公斤的龙趸，说劏（多用于粤语，指把动物由肚皮切开，再清除内脏）给我吃。龙趸长得很快，可以源源不断地供应，吃龙趸非常环保。我问：“怎么做？”他回答：“先将头蒸了。”

一个大碟子装了一个七八公斤重的大鱼头。鱼头并不珍贵，珍贵的是蒸得火候刚刚好，多一分钟少一分钟都不行。从哪里吃起？当然是鱼的面珠墩、鱼唇及眼睛了。这些部位我留给团友们品尝，自己试了一小口就停筷，因为我知道有更好的部位。

接下来是用大量蒜蓉蒸的龙趸鱼肝，刚吃完，一碟鱼鳔又上桌，鱼鳔大得不得了。别人怕胆固醇高，我却大啖，Omega-3 呀，怕什么？

贝壳类上桌，一大碟中有肥大的蛳蚶、青口等，还有一种罕见的贝类。把红辣椒和大蒜剁碎了铺在上面蒸出来，大家吃得非常满意！同时有大虾、大螳螂虾等，用同样方法蒸出来。

三层螃蟹跟着端上来：第一层是用白胡椒炒的；第二层是很大的蟹钳，以黑胡椒烧烤的；第三层是螃蟹盖，塞满了肉和膏，放进烤炉焗出来的。

接着又是三种不同做法的田鸡，只取肥大的田鸡腿：一种清蒸，一种红烧，一种酥炸。法国人看到了也会大赞。

汤是用龙趸骨熬成的，有点淡。我把蒸鱼的汁加在里面喝，刚好。

最后是雪蛤膏甜品，味道好，满满的一大盅。我也不管会不会太补，全部吃光。

餐厅就开在旅游景点“极乐寺”附近，各位若去“极乐寺”游玩，一定要去这家叫“天天鱼海鲜村”的餐厅试一试，向餐厅说要吃跟蔡澜一样的就行。

翌日一早去酒店吃自助餐。我向来对自助餐没什么兴趣，但是我记得“E&O 酒店”有当地的椰浆饭（Nasi Lemak）。

马来人的饭量很小，早餐吃一小包用香蕉叶包裹的椰浆饭，再吃点辣酱就行。

别小看这种辣酱，又甜又惹味（即美味、味道出众的意思）。我每次在街边买回来的都嫌不够吃，在酒店吃自助餐时就有这么一个好处——辣酱任添，吃得过瘾。

乘车一路南下。路两旁是一座座的石灰岩山，景色有点像桂林山水。再向走前，就是怡保了。怡保最出名的，除了万里望花生、豆芽和河粉之外，就是柚子了。

十多年前，我到过其中一个柚子园，如今重访。记得当年吃到的柚子带酸，当今的品种进行了改良，已有完全甜的了。这种甜柚子用来做柚子沙律，最美味。我们可以品尝到刚从树上采摘下来的，说了你不相信，个头像篮球一般大。

剥了皮即吃。记得小时候把柚子皮当帽子戴，这回也照做，让团友们拍照，逗大家开心。

这次的旅行，交给了大马最著名、规模最大的“苹果旅游公司”。这家公司的老板叫李桑（Lee San），和我一拍即合，结拜为兄弟。他办的旅行团我也带过。当时有位团友是“塔标花生”的老板叫刘瑞裕，这次的怡保之行就由刘瑞裕招呼。

刘瑞裕开的“Weil Hotel”（威尔酒店）在怡保数一数二。我的荷兰医生朋友也姓“Weil”，问刘瑞裕为什么取这么一个名字。他回答说，因为他姓刘，拼写为“Liew”（此处为港台地区拼写

法），把它反过来，就是“Weil”了。

午饭就在酒店的餐厅吃，所有的点心，全是用鸡肉做的。原来这是家穆斯林餐厅，好在怡保出名的是豆芽鸡。

所谓的豆芽鸡，豆芽和鸡是分开的，鸡是鸡，豆芽是豆芽。前者和海南鸡饭里的鸡的差不多；后者就很特别了，怡保流过石灰岩的水，水质非常好，用其做出来的豆芽又肥又胖，又白又大。日本也有这种豆芽，但没有怡保的那么有豆味，真是一吃难忘。

记者问我：“吃过那么多的怡保菜，哪样最好？”我回答：“是豆芽和河粉。这两种食材最平民化，也最珍贵。”记者有点不服，再三地问我还有什么。我再三地回答：“豆芽和河粉。”对方有点不以为然。一个地方，如果有一种让人难忘的食品已经难得，何况怡保有两种呢！

当然，怡保的大头虾也不错。我只喜欢吸它的头，那么多膏，吸得满嘴都是，真是过瘾。虾肉就不吃了，当今的大头虾多为养殖，肉不鲜甜，甚至有点老韧。只有虾膏可取，若拿来做上海失传的名菜“虾脑豆腐”，也是一流。

吃完上车直奔吉隆坡。旅行团里有一位先生叫黄庆耀，一直说怡保的烧乳猪有多好多好，但是这次我们没有机会吃。他老兄心有不甘，将乳猪斩件，一包包拿到车上让我们尝试。味道果然出色，真是感激。

榴梿团（下）

从怡保再乘一个多小时的车，就抵达终点站吉隆坡。我们这次到马来西亚，从槟城进，吉隆坡出，没走回头路。

这次还是入住丽思卡尔顿酒店。我常来，已把它当家。我熟悉周围的购物和饮食场所，而且从酒店到吃晚饭的“大港私房菜”，走路只要三分钟。

这家“大港私房菜”的楼下主要招待一般顾客，楼上有个厅，称为“私房菜”。不管那么多，我们爬上楼去。我是冲着主厨“大鼻”而来，和他交往已有十多年，很了解他的本领，也知道他会尽力做到最好。不相信吗？看他的鼻子就知。我开玩笑说：“可真是大，但男人鼻大只与房事有关，厨艺又如何？”

先上汤，用炒菜的大锅上桌，里面滚着已经熟透的猪脚。有何巧妙？一喝就喝得出有很重很重的胡椒味，看来已熬了七八个小时。除了盐，不下其他调味品，只见火候功夫和心思。众人大叫一声：“好！”

接着就是乳猪了，一烤就两只，一只光皮，一只“芝麻皮”。前者就那么烤，成品皮光滑；后者用细针刺过，一烤就起小泡泡，所以称为“芝麻皮”。

大家突然“哇”的一声叫了出来，原来跟着上桌的是一只巨大的山瑞脚。所谓“山瑞”就是甲鱼，这只甲鱼脚有成人手臂那么粗。这种野生大甲鱼也只有在马来西亚抓得到。这里原始森林和河流还有很多，不必担心被吃得绝种。现在还有很多人工饲养出来的甲鱼，让吃不出分别的人去吃。记得上次和倪匡兄夫妇来到“大鼻”这里，倪太太一尝山瑞，即说这是几十年前的味道。

山瑞脚肉质纤细，感觉不像在吃肉，倒像在吃鱼，而且甜到极点。单单为这道菜，来一趟也值得。

再下来的菜又让人“哇”地叫了一声，是一个大鲨鱼头，剥了皮，只剩下骨胶原。有人说这是什么女人的美容品、男人的“伟哥”，哪有这种功效，好吃罢了。

换换口味，一大碟马来人最拿手的郎当焖牛肉上桌，以香料和慢火做出。这是我最喜欢的马来菜。

黄麖，就是小鹿。试了一口，没什么特别，没有猪肉牛肉那么软。这些所谓的野味，下次一定不叫。

最后是椒蒜炒半山菜，也就是蕨菜。在电影《侏罗纪公园》里出现的头弯弯那种，马来西亚的蕨菜非常爽脆美味。

甜品是把红豆沙放进老椰子中炖出来的。

早睡早起，翌日散步到我最喜欢的咖啡店去。一个人，也叫尽所有的小吃，有阿弟炒粿条、猪肉丸河粉、云吞捞面、寒家腌豆腐等。还不忘记叫新加坡和马来西亚独有的烫鸡蛋，半生熟，蛋白留在壳中，加黑酱油和胡椒，用小茶匙挖出来吃。这是我的最爱。

吃完早餐又去吃榴梿。坐近两小时的车，就到文冬的榴梿山了。文冬这个山区，在念中学时常听一位叫唐金华的同学提起，说这里常患水灾，民居的墙上都挂着一条木船，以备逃生。现在当然看不到这种情景了。

榴梿山的园主叫贝健广。为了迎接我们，他还特地搭了一个阳台，让我们一面欣赏河流一面吃榴梿；还造了一个秋千，让我们一边摇一边吃也行。

他是做榴梿出口生意的，种植的品种多是“猫山王”。我开了一个又一个，百吃不厌，直吃到肚子快要爆开，才逼自己停止。

文冬还有一种特产，那就是姜了。这种姜又老又辣。当地人问我怎么发展旅游，我说来一顿“姜宴”好了。用姜做的菜，我可以想出五十道来，包括姜汁撞奶。

贝先生真热情，吃完榴梿，又带我们去文冬市最古老的一家餐厅——“龙凤餐馆”。走进餐厅像踏入时光隧道，回到二十世纪六十年代。文冬有很多来自中国广西的人，这里也做广西菜，有广西酿豆腐卜、味念鸡、扣肉等，另有当地的咖喱野猪肉、酿山地苦瓜汤、八宝鸭、金钱肉等。你若是广西人，一定要去尝尝，这里的广西菜还保持着原汁原味。

最精彩的还是贝先生特地找来的四五公斤重的河鱼“白苏丹”，清蒸出来，相当美味。

最后一个晚上，我们去了老友王诩颖的新餐厅，叫“Maeps河鱼专门店”。餐厅的位置相当偏僻，从吉隆坡市内出发要一个小时的车程。但再远也得去，他是河鱼专家。

一到餐厅，他就把十几尾大河鱼摆在桌上让我们拍照片。我们对“忘不了”已不稀奇了。其他各种连名字也叫不出的，奇形怪状，但都是冷冻的，我们就不去碰了。

鱼缸中有数十种游水鱼。这里的“忘不了”色彩缤纷，但我们已试过。我选了三尾特别的：第一尾叫“猫王”，与“猫山王”榴梿无关；第二尾是野生鲇鱼，养殖鲇鱼我们吃得多了，野生的还是第一次；第三尾有五英尺长，叫“红尾老虎”，专吃别的大鱼当早餐，凶恶得很，故有“老虎”之称。

另外，王诩颖特地准备了一尾连他也没见过的鱼，没有名字，我就命名为“抱抱鱼”了。

我发现，最普通但最好吃的是野生鲇鱼，和养殖的有天壤之别。单单为了吃它，请来一趟吧！

泰　国

全球最佳酒店

从香港飞去普吉岛，如果还要经停曼谷就很麻烦了，幸好有“港龙航空”能直达。

一到之后就大吃特吃。为团友们安排吃的，非亲自试过不可。

我却发现普吉岛的食材虽然丰富，烹调水平还是有差距的，变化也不多。只好舍弃回程机票，转机到曼谷。

入住被旅游行家推选为“全球最佳酒店”之一的文华东方酒店，感到万分的亲切。

营业女经理笑盈盈地相迎，她还认得我，说：“您就是上次来拍旅游特辑的蔡先生。”

其实即使不是拍电视节目，住上几天，大堂的侍应都会记得客人的样子。他们都是经过挑选的，记忆力特别强。

普通房已很宽大，打开落地窗帘，可见湄公河上穿梭的小艇。

浴室中洗涤用品齐全，有两个洗脸盆，不必争用。冰箱上面的酒有威士忌、白兰地，一摆就是大半瓶，绝非吝啬的小瓶酒。

床头插着胡姬花，还摆着数瓶免费赠送的高价矿泉水，方便客人半夜口渴时喝。每一天，都奉上不同种类的水果。这些东西在泰国不值钱，但却很花心思。

房间一天打扫两次。早上客人出去后整理好，下午客人回房休息弄乱了，吃完晚饭客人回来就发现已恢复原状。一流的酒店，都有这种服务。

最享受的是乘船过河到酒店开办的按摩院去，一去就可以待几小时。

早上的自助餐很丰盛，蜜糖也是连蜂巢上的。下次和大家来，一定要请诸位多吃一点木瓜，泰国大餐的辣，不吃木瓜是难以抵消的。

灵　气

这次来泰国，住曼谷文华东方酒店，被安排住在套房。只有“东方”和新加坡的“莱佛士”，套房以作家的名字命名，文化气息很浓。

诺亚·卡活（Noel Coward）和威廉·萨默塞特·毛姆（Wiliam Somerset Maugham）的套房，是最大最豪华的。两个人都曾经在他们的游记中提起过这家让他们印象深刻的旅馆。

在二十世纪初期，交通不是很发达，电视也不普及，西方人最初踏入泰国领土，那种完全不同的感觉所带来的惊叹，是今天的我们是能够想象的。一切都带着神秘和喜悦，他们想不到在东方还有那么繁荣的国土。异域文化的冲击，令他们沉思。

这次住的套房以芭芭拉·卡兰（Barbara Cartland）为名。

此人是谁？简单的比喻，她是西方的琼瑶，一个深受少女读者爱戴的爱情小说家。她的作品有四五百部，还有数不清的自传、历史研究、社会哲学、戏剧、电台广播、诗歌、电影、卡通著作，更少不了她的烹调书。

当然，她是一名大富婆。她臃肿的身材套着粉红和带羽毛的奇装异服，手脚上都是名贵的珠宝。

她是带着松毛小狗从楼梯走下来会客的那种俗不可耐的人物。她的作品受欢迎，也代表了读者俗不可耐的品位。大家都俗，就不是俗，是普遍现象了。

这间套房很大，一房一厅，还有私家厨房。窗外走廊之大，足可以摆十几张躺椅，可以躺在上面望夕阳。

室内书橱中摆放着芭芭拉·卡兰选择的名著和自己的书，桌上有她写给酒店的话——感谢“东方”用她的名字命名一间套房。

还有一组卡通画，画着一个书评人咒骂了芭芭拉·卡兰，他想也许她会来打架，最后一格画的是一个胖女人拿着棒子找上门。

卡兰能这样自嘲，代表她有一份灵气。也许正因有了这份灵气，她的作品才与众不同，不是阿猫阿狗之作。

紫外线

赶到曼谷。

啊，这个玩不厌的都市，永远带给我刺激和惊奇！

文华东方酒店又被选为“全球十大旅馆之首”，已经蝉联多年了。现在是旅游旺季，酒店早已住满了。

于是，我在相邻的“香格里拉”下榻。这家旅馆我从前也住过，这家兴建得真不错。里面的餐馆“安吉丽妮”（Angelini）是全开放厨房，做的意大利菜很正宗。

等位时可坐在这家餐厅的酒吧。这里意大利烈酒 “果乐葩”（Grappa） 的选择不少。喝了几种，我又看见一个大酒杯，是专门用来盛玛格丽特鸡尾酒的。要了一杯，分量足足有四个普通杯那么大，杯缘涂了细盐，试了一口，调得恰好。

赶时间的话，这家旅馆有个直升机台，有直升机服务。这是“文华东方”没有的，往返机场也可免交通堵塞之苦。

但是我这趟要办的事不多，可以安安乐乐地享受几小时，就换了游泳裤，披上浴袍去池边晒太阳。

友人看到我游泳，都感到惊奇。其实，我们这些在南洋小岛长大的孩子，谁不懂游泳？只是平时不爱运动而已。

自由泳、蝶泳和最不好看的蛙泳都搬出来，我游了一阵子就爬上来。游泳这回事儿不必去拼命，精力可留做其他的事。

池边设有一张大床，此处专门替客人做泰式按摩或脚部按摩，收费相当便宜。

九月份的湄南河，河水高涨，从池边望出去，像泛滥到陆地。河中快艇穿梭，把河面割破。船身像一把泰国弯刀，后面装了一个像苍蝇头一样的巨大引擎。

天上飞满了蜻蜓。这种昆虫姿态优美，让人看得舒服，又没有蜜蜂的攻击性。我很喜欢。

在西宁时，酒店没有暖气，天亮前那几个小时特别冷，导致支气管不太舒服。现在在曼谷给太阳一晒，即有好转的迹象。紫外线这种东西真好，我差点忘记了。

源利潮州粥

如果大家想吃最正宗的潮州粥，香港只此一家——九龙城的“创发”。

而到了曼谷，要去的是“源利”。

同样是在门口摆了各种食物，让客人挑选，“源利”的花样更多。这里还有无数的泰国煮炒，这是它特有的。

先是各类海鲜，在店外用一个炭炉烧烤。若嫌烧烤没有品位，此店可代客蒸之、焗之或煎之。无论你想出什么样的做法，他们都可以烹调得完美。

店门口还有一个像大排档一样的摊子。一边摆着肉类和七八种蔬菜，任君搭配；另一边，有一排排的炖锅，里面是各种煲汤，热腾腾的，保证客人一叫就有得喝。

墙壁上挂着照片，拍的是从湄公河中捕到的巨鱼。这些巨鱼比人还高。

当晚我们四个人去吃“夜粥”。同行的章先生不爱吃鱼，只喜肉类，我就点了咸菜卤猪腿。店家即从大锅中选出一条肥大的猪腿，用铁钳钳开，加上咸酸菜。这种菜，在家庭中人人会烧，但始终不如店里一大锅一大锅几十条猪腿一齐煮出来的香，感觉上已经胜出。

“菜尾”中也有肥肉。所谓“菜尾”，本是隔夜菜，把剩菜放进吃不完的肉类中熬出来，菜带苦味，但让人百吃不厌。

芥蓝心炒烧肉也是泰国名菜。用的芥蓝心不是普通芥蓝，是与高丽菜杂交种出来的品种，初试的人都会喜欢。章先生吃得大乐，再来一碟。这次是用叉烧炒的，没那么好吃。

再来七八碟别的，外加两瓶啤酒、一小瓶“湄公牌”威士忌、两瓶苏打水，才两百元港币。

Ban Chiang

如果有人问我什么地方可以找到最正宗的泰国菜。我当然会回答：“Ban Chiang”。

泰语“Ban”是“屋”之意思，“Chiang”则是清迈的“清”吧？

这家餐厅开在曼谷的“Silom”（是隆）路的横巷中。“Silom”路相当于香港的弥敦道，离我们下榻的“东方”酒店不远。

看菜单，头盘就有十四种选择，每一样都好吃：炸宋丹、培根包虾、牛肉干、猪肉饭焦、泰式春卷、虾饼、碎肉包、香肠、蟹钳、炸豆、炸鸡、鸡碎包青菜和河虾刺身。

亚参是泰国人最常用的烹调材料之一。如果不会用泰语点菜的话，看到菜单中的英文批注有“Tamarind”这个词，就是亚参了。

亚参可以用来拌菜或和鱼一起煮汤，非常美味。这家店有种蛇头鱼煮亚参的汤，绝对值得一试。英文菜单上这道汤叫“Tamarind Soup with Serpent Head Fish”。

咖喱也有十多种不同的料理：药草咖喱、青咖喱鸡、青咖喱虾、烤鸭咖喱、烤牛肉咖喱、黄咖喱煮牛肉、亚参咖喱煮虾、红咖喱煮椰汁虾、金不换（即中草药罗勒的别称）咖喱煮牛肉、咖喱塘鲺、咖喱青菜和红咖喱煮田鸡腿。

喜欢田鸡的朋友可乐了，这家店有多种田鸡料理，炸的、焖的、烤的。泰国田鸡并不大，只吃腿，一口一只腿。“像吃樱桃”，和上海人讲的一模一样。

有种生蔬菜蘸虾酱的菜，本来要加桂花蝉才够香，但这家店卖的是高级菜，怕客人反感，不加蝉，但味道逊色了许多。

饭类也有十四种，各位可以不必尝试什么新奇的，叫一份最普通的虾酱炒饭或者最大众的泰国炒河粉即可，已是在香港吃不到的美味了。

Cafe De Laos

离“Ban Chiang”不远，在同一条街——“Silom”路的横巷中，在一家叫“Cafe De Laos”的店里，可以找到泰国北部的佳肴。

看店名就知道是老挝风味。泰国北部，像清莱、清迈等地，食物都受老挝的影响。吃菜送糯米饭，是它们的特色。

“Ban Chiang”开在一间花园式的老屋中，很有家庭的味道。“Cafe De Laos”则非常洋化，装修得很摩登，有适合情侣约会的气氛。

通常，餐厅的气氛好，东西就不好吃。但这家店不同，做菜手艺很有水平。

店主人为泰国籍华人，其父亲是潮州人，母亲是广府人，所以会说两种纯正的方言。他太太是位大美人，热情地前来招呼。

泰北菜中有一种著名的鱼汤，用多种香料，加大量蔬菜，和河鱼一齐煮成。里面大概也加了亚参，所以有点酸。但是总体味道鲜甜得不得了，加上指天椒的辣味，醒胃又刺激，让人一喝就上瘾。不能吃辣的客人，可以关照侍者不加指天椒，但总得一试。

另外一种名菜是熏鱼。把整条大河鱼熏烤之后，剥开皮，皮内连有很多黄黄的油膏。用手撕下一大块鱼肉，包在一片很特别但叫不出名字的菜内，还要包上虾干、烤杏仁碎和种种香料，最后就是蘸酱了。这个酱我也说不出是什么做法，反正很香很甜。有了它，包什么东西蘸着吃，都美味。

另外上的是一个小陶煲。一人一煲，下面点火，把大量的蔬菜和鱼虾放进煲中煮，和吃火锅有不同的风味。

别忘记了糯米饭。用一个编织得很精美的小竹箩盛着，米香融入了竹香，味道很好。我看别的客人用手搓成一团来吃，也依样学样，但却吞不下去，塞在喉咙里，差点噎死。

Ban Suan Thip

曼谷泰国餐厅“Ban Chiang”和“Cafe De Laos”都适宜小食。如果要吃隆重一点的晚餐，我认为最好的餐厅是“Ban Suan Thip”。

这家餐厅距离文华东方酒店约一个小时的车程。

起初，大家会问：“到底是什么特别的地方，要坐那么久的车去？”

到了，才知道是值得的。

首先，环境非常优美，大庭院中鸟语花香。小径上点着油灯，引客人入座。

吃的地方有一般的大堂，当然冷气设备俱全。也可坐在屋外，凉风阵阵，另有一番风味。想要豪华一点的，可包下他们的贵宾厅，完全是宫廷式宴会的感觉。

餐前，先来一杯冰冻的香茅叶汁，让清新香醇的液体流进体内。香茅叶汁一点也不像橙汁那么浓浊。

再来三种不同的招牌沙律，有辣的和不辣的，但都是没有吃过的。辣的刺激醒胃，不辣的香甜润喉。

接着上的是汤，一共两款：前者是最普通的冬荫功，但做得是那么出色！后者是不辣的鱼汤，加新鲜的亚参幼叶熬成，连我这种什么都不惊奇的老饕，也吃得心服口服。

吃炸鱼主要是吃它的酱。炸鱼加大量的生蔬菜，蘸酱吃，也不怕热气（即“上火”的意思）。

最后上的是清蒸大头虾，其肉质纤细，比龙虾还要好吃。大型的大头虾，有一根香蕉那么大。我尽情吸食虾头中的膏，才不管有多少胆固醇，吃了再说。

还不饱的话，有泰国炒粉（Pad Thai）包尾（即最后或倒数的意思）。加上各种甜品和水果，一定让客人满足地走出来。

价钱比一般的餐厅贵，这是必然的。

泰国捞面

除了云吞，我最喜欢吃的莫过于泰国小贩摊的捞面。

吃面，我一向只爱干捞。在泰国时只要说："Ba-mee, Hean。"对方就知道是干捞。要汤的话，就说："Ba-mee, Nan。"

这个"Nan"字很好用，凡是水或汤汁的东西，都叫"Nan"。冰是水做的，叫"Nan Kean"。

言归正传，泰国捞面在香港吃不到。香港模仿的最不像样的是面团。一大团面，看看就饱了。正宗的泰国捞面只是一小撮，三口的分量。

配料可多得数不胜数，有鱼饼两片，鱼丸一粒，炸鱼蛋一粒，炸鱼皮一块，炸云吞一个，肉碎、冬菜、猪油渣、干蒜片、炸干片、生菜等各少许，猪肉两片，最后淋上猪油，撒上胡椒即成。

吃前还要加大量的鱼露和指天椒碎。没有这两样东西，整碟捞面就失色了。有时我会问自己：到底是为了鱼露和辣椒吃捞面呢？还是为了吃捞面而加鱼露和辣椒？

这次到曼谷，一把行李放下，就冲出去吃泰国捞面。文华东方酒店外面的小巷里有一个摊子，捞面做得特别好，但可惜已卖完。只好走到附近的菜市场去吃。

见有一家已搬进店的，走进去要了一碟。吃了觉得面条渌（广东俗语，煮、烫的意思）得不熟，碱水味攻鼻，像走进洗手间闻到的味道。于是，不吃面，只吃配料。

走出来，街角有一家专卖海南鸡饭的，就再来一碟海南鸡饭，把鸡肉拨开一看——不吃配料，只吃饭。

一碟二十铢，约四块人民币。两碟八块钱就能令人那么满足，也是怪事。

带团来泰国时，坚持每天大鱼大肉，是和大家一起吃的。我自己，一两碟捞面，已能解决。吃完回到酒店，肚子又饿，再穿上衣服外出，又再吃一碟，才觉不枉来曼谷一趟。

Spa

“Spa”这个词从哪里来的呢？

传说比利时有个同名的小镇，那里有高级度假村和富含矿物质的温泉，因此得名。

在古罗马时代就有叫“Aquae Spadanae”的豪华浴场，拉丁名“Spagere”代表散开、喷水和浸湿的意思。

我们一听到“Spa”这个词，即刻联想到大水池、泥浆浴、温泉，各种按摩、香薰、减肥程序、冥想课程和修手指甲、脚指甲，等等。

一向没有正式的中文译名，勉强安上“水疗”这个字也觉不当。当你听到了“疗”，就和治病搭上了关系，所有身体上的享乐感觉都被一扫而空了。英文“Spa”当今在社会上已惯用，有时不译好过译。

令Spa流行，曼谷的文华东方酒店有大功劳，他们是首家设立有规模的Spa设施的酒店。过了河，在酒店对面那座建筑里有多个房间让客人休息、冲凉、按摩。所选的少女服务一流，都是经过寺院的泰式古法按摩训练出来的，态度和蔼可亲，力道十足。试过之后，无不赞好。

价钱可不便宜。做一个全套的，往往要比房间价格贵一倍。其他酒店见有生意做即刻纷纷效仿，好像没有Spa设施就不够高级似的。时逢商业旅行的高峰期，每个CEO或较小级数的行政人员，都以为一做Spa，时差即刻消失，第二天可以神采奕奕地做成一单买卖。

见猎心喜，其他商家也一窝蜂开设酒店之外的Spa公司，以较低廉的价钱吸引顾客。在泰国做过一次，上了瘾，以后看见此等服务就要试一下。这行业在亚洲各国纷纷崛起。

但要知道，泰国是佛教国家，女人有敬佛祖和父母的传统意识，和其他地方的女人认为“人人平等，为什么要服侍你”的心态大有不同。

到别的国家做Spa，出来一定一肚子气。

一般客人看了价目表之后，多数选两个小时的疗程。开始之后，服务员慢条斯理地为你先弄一缸水，叫你浸脚。这一浸就是十五至二十分钟，这算是自我服务。

又洗又擦，好了，请你休息一会儿，问：“要不要做脸部按摩？”

你一点头，这下可好，搓搓你的脸，又用去近一个小时。剩下的那短短的时间，连洗个澡都来不及，那还做什么按摩呢？

学聪明了，一开始就叫工作人员从按摩开始，那又是东搓搓西搓搓，谈不上一个“按”字。工作人员还拼命地问：“够不够力？不够请你出声。”

唉，出了声也没用呀！就算对方使上吃奶的力，力道还是那么软绵绵的。所以，你去泰国之外的地方，千万别做什么 Spa，没用的。

当然也有例外，那是你要在当地住久了，东试试西试试，找到一个真正肯服侍你的女人。认定了她，小费又多给，才有效。

以为逢泰国女人就行，也不是。当今 Spa 越开越多，有本领的女人都分散了。我遇到的，不少是很懒惰的，也是搓搓算了。要去，就去几家出名的、比较有信用的 Spa。脱了衣服，手抓一份厚礼，遇见女的，先给小费，也许较好。不然老远来，浪费了钱不算，还要浪费宝贵的时间。先给小费也不一定能得到满意的服务，总之给好过不给。

泰国之外，其次好的是韩国，他们的 Spa 另有一套，较为粗鲁。韩国人自尊心强，既然你给了钱，就要为你服务好，绝不偷懒。我还是喜欢在韩国做 Spa。

在日本要找 Spa 是找不到的，原来他们叫其为“Esute”，是从“Aesthetic”（审美）而来的。日本女人从前也有服务男人的传统意识，经济起飞后生活舒适，女儿家不必做这种低微的工作。经济泡沫爆破至今，已有二十多年，人渐穷，也肯出来替客做“Esute”了，但始终技不如人。当今，日本乡下的温泉旅馆，老板找韩国女人来做擦背和按摩工作，价钱不贵，也还做得不错。

印尼女人的服务也不错，从前试过宫廷式的按摩，有意外的满足。但此等女人到底少，一些少女从乡下来，如经过好的老师训练也许出色，若遇到坏的教练，还是那三两下子的搓搓罢了。

香港的各大酒店都有Spa，价钱贵得惊人，又不一定好。遇到些熟手，倒也物有所值。香港女人也实实在在，为了保住那份工作，不会太过马虎。

真正的Spa，应该是和古希腊和古罗马的一派相承，水池要空间十足，池边可躺下休息，吃整串的葡萄。池水要有矿物质，有温泉喷出的最佳。中年女人为你大力擦背，巧手的少女为你仔细按摩，有香薰的、用热鹅卵石的、额上滴油的，还有用小棍替你轻轻敲打腰部的。

这种设施只有匈牙利的布达佩斯还能找到，可惜当地按摩女郎功夫不到家。当今他们由泰国输入技术补救这个缺点，最可喜的还是最后付钱，我并不觉得贵。大家一起到匈牙利去做Spa吧！

清迈之旅

从香港飞泰国清迈，以前有直航，后来因客少取消了。当今要去，得花上大半天时间在曼谷等待转机，是一件相当麻烦的事。但是，如果没有去过的话，清迈是一个非常值得一游的地方。

清迈的食物和曼谷及普吉岛的不太一样。清迈不靠海，当地吃的多是山珍和河里头的东西。因为离缅甸、老挝近，饮食习惯受其影响极深。这里最大的美味是炸猪皮和糯米饭。别小看这两种食物，做得好的，胜过鲍参翅肚。

因为还没完全发展，也可以说是泰国政府不让它发展，清迈地皮便宜，还有尽情“挥霍”的空间。像我们入住的“四季酒店”，周围是一大片耕田。每间房不仅是套房，而是一整座独立的屋子，里面当然设有广阔的阳台、客厅、厨房、浴室、主人房、孩子房等。还有工人房，有个常驻的女佣。这是一座可以住上一年半载的别墅。

从住处来酒店大堂，散步的话五至十分钟，嫌烦就叫辆高尔夫球车代步。当然有游泳池、Spa、瑜伽班、网球场、运动室、泰语班、种田实习、与水牛嬉耍、观鸟等设施或活动。不想在大厅吃饭的话，可以跑进餐厅厨房进食，看大厨当众表演。平日亦有烹调课，亦能把整桌菜搬到你的别墅中去。想更浪漫，可在田边烛光晚餐。

如果你真的想长期在这里住下去的话，可以买一间别墅。广告上说，有最后一间出售，三千多平方英尺，要一百八十万美金。在那种偏僻的地方当然不算便宜。但是你不在的时候，酒店可以代为管理和出租，任何时候你想回来一定有得住。我好几年前去也是看到只剩最后一间的广告，反正地还有那么多，卖光了随时可以再多盖一间。

从“四季酒店”到市中心需四十分钟的车程。觉得太远的话，入住“文华东方”好了，只要十五分钟就能到达市中心，永远不会让你失望。

若想俭省一点，市内有很多其他酒店供选择，一定可以找到一间符合你的预算。

要我选最好的餐厅的话，我毫无疑问可以推荐各位到“Baan Suan”（班苏安）去。这是一家建在河流旁边的餐厅。长桌由老树树干削出来，全乡下风味，气氛是淳朴之中带着高傲的，食物亦然。如果你是去吃晚餐的话，我建议你早一点去。在那里享受日落，喝一杯泰国产的“湄公牌”威士忌。依我的方法，勾兑椰青水当鸡尾酒，好喝到让你喝个不停。

要是就近，那么去市内的“Suan Paak”（苏安帕克酒店）好了。不知叫些什么？由我来建议：先要个头盘，典型的有“Yam-Ma-Khoeu-Yao”，那是把茄子烧了，剥皮，舂成蓉，加辣，制成酱。可搭配猪肉碎、辣椒、虾米、蛋、红葱和青柠等。要是够胆，试试他们的炸猪皮，一定会吃上瘾。

糯米饭是用一个竹篮盛着上桌的。当地人用手捻成一团送进口。你如果学习这种吃法的话，一定会得到当地人欢心，很容易和清迈少女交朋友。她们在泰国是出名的漂亮。

不但美，清迈少女还极有家教。你和她们说话，必然是有问必答的。如果不回答的话，她们认为是没有礼貌的。

喝汤，你会发现冬荫功在这里并不流行。他们喝的多数是清汤，受中国影响，汤中有猪肉碎、冬菇等。最多人叫的是“Tun-Ma-Yat-Sai”（苦瓜汤）。

接着是炒菜，有辣的也有不辣的，任君选择。“Mu-Noeu-Nam-Tok”是烤了牛肉或猪肉之后切片，混入辣椒、薄荷叶和各种香料，很刺激。古怪一点可叫“Sup-No-Mai”（笋），或炒或腌，做法极多。

最稳妥的是泰国“奄姆烈”，将碎肉炒了再包蛋。要是用猪皮当馅的，叫“Khai-Chio-Song-Khroeung”。

不想吃大餐的话，到市中最大的菜市场去好了。外围卖的全是鲜花，走进中央才看到食物，都做得非常精致。有一种食物是把蛋壳敲一个小洞，让蛋液流出来，混上虾米和肉碎再酿进去，蒸熟后卖。三个才十元港币。

蜂蛹的种类极多，有的是当刺身吃，有的是烤熟了吃。蜜蜂的、黄蜂的，还有巨蜂的。巨峰的有手指般大，不知长出刺来没有。通常我什么都试，这次免了。给大蜂婴儿刺穿你的喉咙，并不是一回好玩的事。

要是晚上睡不着的话，也可在好几条街上逛，却好像走不完似的，尤其是卖的东西都很相似。

还是去做做按摩吧，泰式古法的，到处都能见到，并非色情的。古法按摩很正经，不会把清教徒游客吓怕。一般市内的按摩院，无论走进哪一家，都有水准。一小时只要两百铢，合港币五十元。没替你按摩之前，先给服务员两百铢小费，服务包你叫好。小费，还是先给为妙，这是倪匡兄教的。

算好日期，在清迈的泼水节期间造访吧！到时，所有人都聚集在市中心的那条河旁边，互相泼水，可以把整个人玩疯了。那种场面并不逊于巴西的狂欢节，是人生必经的一种经历。

但任何时候去，在清迈都能呼吸到新鲜的空气。清迈政府不允许开展重工业，到处看不到工厂或烟囱。清迈，永远是蓝天白云。

印度尼西亚

雅加达之旅

我和“国泰假期”的友谊，始于多年前拍《蔡澜叹世界》，当时的电视节目是由他们独家赞助的，自此关系良好。

“国泰假期”前一任掌舵人“九肚鱼”，人又瘦又高，但怎么吃也吃不饱，当今她已调任高职。接管的董事总经理李彦霖，原来是“国泰”驻印度尼西亚的代表。我一听，对路了，到雅加达去，不问他问谁！

我决定开一条去印度尼西亚的新旅游线路，就和他一起去探路，很多餐厅都由他推荐，事半功倍。

友人常问我：“雅加达那么近，你为什么不一早组团去走走？是不是吃的没那么好？”

刚好相反。印度尼西亚的饮食文化有很久远的历史，变化也多，就东南亚料理来说，是最丰富的。至于为何没想到要去，是因为雅加达的交通。雅加达一堵起车来，很近的距离也要开一个小时。

这次行程，我的要求是：“所有餐厅都得集中在一区，从酒店出发，吃完了回来，回来后又去吃。除了购物，任何地方都不去。有没有这种把握？”李彦霖拍胸口，说交给他好了。

从香港国际机场出发，飞曼谷、西贡等地，只要两个小时；飞新加坡要四个小时；印度尼西亚在新加坡西南面，得再飞半小时，路程不算近。早上十点出发，加上时差一个小时，抵达时，已是下午两点了。

马上到从机场去旅馆途中的餐厅，试的是巴东菜。最为港人熟悉的巴东牛肉，就是来自此地。

巴东菜的特色是把所有佳肴都煮好，一盘盘放在架子上。客人看到什么喜欢的就点什么，师傅加热后拿到桌上来。

这一下子可好，肚子一饿，一下就叫了三十多碟，一样样仔细品尝，把最好的记下。同行的“国泰假期”的特别项目及团体销售经理黎婉儿，也是又瘦又高，但比“九肚鱼”更厉害，好像永远吃不饱。

加上拍档苏玉华及各杂志的记者、摄影师，一队人浩浩荡荡，将所有食物扫光，没浪费。

巴 东 餐

吃完了这家巴东餐厅，又到附近的另一家去。巴东菜种类多，即便不叫重复的，也试不完。我要在其中选出最好的一家。

所谓的巴东牛肉，像四川的担担面一样，各家做法不同，有的干瘪瘪的，有的水汪汪的。但说到正宗，总有个谱。

与来自巴东的大厨研究一番，他说正宗的巴东牛肉应该是干的。做法是先用各种香料把牛肉腌制过，再慢煮。

“慢煮？”我说，“原来你们早就懂了，不是洋人发明的。”

大厨点头:“一般说至少煮三个小时,但这要看牛,不能一概而论。我通常要花四五个小时。洋人慢煮，至少七八个小时。但是他们是拿一大块肉去慢煮，我们将肉切开，不用那么长的时间。主要的材料当然是红辣椒和香茅，接着有大蒜、姜、南姜、洋葱、芫荽根、茴香、肉桂、黑胡椒、月桂叶、丁香、罗勒子、青柠檬叶。别忘记再加点带有刺激性的虾膏和浓黑的酱油，我们叫‘Kecap Manis’

（印尼甜酱油）。”

“不下椰浆吗？”

“你不说我都记不起。一定要用现榨出来的老椰子的椰浆，这是最后才加的。不能煮沸，一煮沸，椰油味就跑出来，会破坏整个巴东牛肉的味道。”

“是的，很多人不懂得这个道理。其实煮新加坡叻沙，也是一样，椰浆不能煮沸。”我同意。

巴东名菜还有炸鸡。“肯德基”也有炸鸡，但和巴东的有天壤之别。巴东大厨一面炸一面用剪刀剪开里面的部分，将整只鸡炸得又干又脆。

另有海带绿咖喱、鱼头、辣椒茄子。巴丁鱼肥得很，非常好吃。豆角素菜也美味。黄姜牛筋很特别。又上了臭豆炒虾、炒生大树菠萝（即波罗蜜）、酸杂菜、鸡蛋咖喱等菜。还有一种不是人人都敢吃的炸牛脑。

最后是吃不完的甜品。苏玉华看到有让人怀旧的棒冰，一连吃了四五支。

酒店和购物

捧着圆滚滚的肚子，进城。

刚好遇到交通繁忙时间，这次可要遭老罪了。雅加达一塞车，不是开玩笑的。

交通问题是可以人为解决的。曼谷的交通从前“恶名昭彰”，但建了几条高架后，疏通了；首尔设电子管制，又增加巴士专线，也解决了交通问题。

雅加达也想出种种方法，像规定要进入市区，一辆车必须有三个以上乘客才行，不然将被罚款。

上有政策，下有对策。这就造成了马路上的怪现象：你经过时，会看到街边站满人，有的举着一根手指，有的二根。

这叫“租人”。只要付十元港币，就可以租到一个人头，来填每辆车必须有三个乘客的配额。那些举起两根手指的妇人，怀中抱着个孩子，算两个人头。举一根手指的，真是莫名其妙，多此一举。

当然，客人会挑些外貌清秀点的人租。尤其是少女，最吃香了。

没有想象中那么坏，三十分钟后抵达下榻的酒店。车辆进入酒店要经过严密的检查，客人也得经过像机场的“X 光机”，方能走入大堂，安全措施做得十足。

放下行李后，再去察看其他高级酒店：“凯悦”，大堂宏伟，但房间普通；“凯宾斯基”最新，房间没有老派的豪华，也无新派的抽象；丽思卡尔顿酒店有两家，新的那家房间特别大，可以考虑。

我们下榻的“文华”，建筑物已旧，只几层高，但胜在最近才完全重新装修，豪华房够宽敞。此外，雅加达最大的购物中心就在酒店的对面。

走进这家购物中心一看，名牌林立。但我们不是来买那些东西的。专卖印度尼西亚产品的有好几层，商品应有尽有。

另一间土产中心距离这里远一点，也去看过，东西贵得不合理，是斩（即宰）游客的地方，不会再去了。

按　摩

晚上，到一间装修得古色古香的皇室料理餐厅用餐。吃的是与巴东菜完全不同的东西，价格不菲。

先上的一道沙嗲就摄住人（即吸引住人），一个五六英尺长的木盘上，放着各色各样的沙嗲。有的用竹签穿起，有的用香茅，有的用甘蔗，蘸的酱料也各异。接着是各种咖喱。总之吃个没完没了，都是在香港尝不到的。

这次旅行主要的目的，是让香港的客人知道，印度尼西亚菜不是那么简单的。

整个印度尼西亚有一万七千五百零八个岛，其中有六千个岛可以住人。印度尼西亚人口超过两亿四千万，是世界上人口数量排名第四的国家。印度尼西亚有久远的历史，曾被荷兰统治过三百五十多年。

但是到了荷兰，你会发现印度尼西亚菜反而变成了荷兰的国食，可以想见印尼的饮食文化是多么优秀。

接下来的那几天，我们非常努力地吃，吃遍了爪哇、苏门答腊、苏拉威西、加里曼丹、巴厘岛等地区的佳肴，就不一一枚举。下次带团来，选出最精致的，让大家好好享受。

吃的方面有了把握。但繁忙的交通，是我们控制不了的。

对策是入住一家市中心的酒店，所有餐厅都选在方圆两三公里之内的，购物商场亦是。总之，吃完睡，睡完吃，再怎么塞车，也不会花上半小时。进出都是有冷气的地方，天气怎么热也不怕了。

还有一种令人身心舒服的事不可不做，那就是印度尼西亚式的按摩。

我们找到一家最高级的，可以享受爪哇按摩和巴厘按摩，与泰国的不一样。团友们做得过瘾的话，可以牺牲一个午餐，从早做到晚。

这里地方干净、高贵，许多印度尼西亚政要也是这里的常客，可以放心。

至于早餐，总不能老是在酒店里吃。征求了当地老饕的意见，找到一家叫“Gado Gado”（加多加多，即杂拌什锦菜的意思）的。去后发现，那里的印度尼西亚式的叻沙最为出色，炒饭、炒面皆佳，已忘记了吃“Gado Gado”了。

雅加达资料（上）

又去雅加达。

我们入住的文华东方酒店，是由老建筑翻新的，房间相当宽敞，属五星级，但管理人员的配备并不完善。应该是对面那家新的凯宾斯基酒店（Kempinski Hotel）较好吧，它和大型购物中心连在一起，购物不必绕很远的路。

不过“文华东方”也有好处，就是经我上次投诉之后，在门卡套上已写明 Wi-Fi 的密码。我一进门即刻打开微博，可惜仍不能接通网络。后来酒店派一个专门负责 IT 的人来，弄了老半天，才用得上 iPad。

到了雅加达，买什么手信（指人们出远门回来时捎给亲友的小礼物）呢？最多人喜欢买的，就是当地的炸虾片了。

百货公司的地库往往是超市，超市里所卖的干虾片种类很多，最好的牌子叫“NY. SIOK”，分为虾片和鱼片。

虾片买回来，炸时要用一大锅油。很多主妇都不肯做，交给家政助理，又担心油浪费得太多。

其实有一种方法，就是放进微波炉中加热，即刻膨胀，但并不好吃。秘诀在于，放进微波炉前，先在虾片上搽一层油，那么味道就和油炸的差不多了。

用植物油也可，但用猪油最香。至于要加热多少分钟，那要看你的微波炉的大小和型号，反正虾片也不是很贵的东西，用几片当实验品，一两次失败后，就能成功。

丝质的纱笼也值得买。在家里穿它，从房间走出来，在家政助理面前不会失礼，又比穿睡衣方便。

雅加达资料（下）

在印度尼西亚花钱，动不动几万到几百万，有富豪的感觉。印度尼西亚币发音为“卢比”，中文译作“盾”。别以为不好记，其实遮去纸面最后那三个零，就可折合为港币。比方说买件衣服三十八万印尼盾，就是港币的三百八十块了。

好吃的餐厅，有一家叫“Garuda”的，标志是一只鹰。“Garuda”卖的是巴东菜，有我们熟悉的巴东牛肉，各种食物都摆在架子上，看到什么可点什么。炸鸡最受欢迎，他们做的也实在好吃，用的是鸡爪又瘦又长的放生鸡。香港人叫其“马来鸡”，也以此取笑高瘦的女子。

最高级、气氛最好的是一家叫“Lara Djonggrang”的餐厅。那里幽幽暗暗，布置得很有印度尼西亚特色，吃的东西多数是烧烤。用一只印度尼西亚大木船装食物，里面的食物应有尽有。

但是，其味道普通。我们试吃还觉得不错，一大堆人去，就嫌菜上得慢。如果带不会吃东西的女友去，倒是很好的选择。

雅加达为印尼首都，什么地方的菜都有。不去巴厘岛，在这里也可以吃到那边最著名的炸鸭，其做法和炸鸡一样。除了炸鸭，熏鸭也不错。不过吃了炸的，熏的就逊色了。

有家餐厅的甜品黑罗宋芝士蛋糕很出名，加入了大量的伏特加酒。餐厅名为“Bebek Bengil”。

柬埔寨

暹　粒

去柬埔寨的吴哥窟，有几条路线。传统走法是从香港飞曼谷，转机到柬埔寨首都金边，再从那里坐船抵达。

当今可从曼谷直飞一个叫“暹粒”（Siem Reap）的市镇，吴哥窟古迹就在那附近了。

“Siem”是柬埔寨语的“暹罗”。柬埔寨的地方为什么有个以“暹罗”为名的地方？原来第二个字的“Reap”，是“打败”的意思。

世界古代七大奇观中，并没有包括吴哥窟，因为那时候其还没被发现。这个城市从九世纪建到十二世纪，荒废后被大树所埋，在十八世纪才被法国人发现。其建筑和雕刻极为精美，可以被列入继长城、泰姬陵、金字塔之后的奇观之一吧。

曼谷航空（Bangkok Airways）是泰国的第二家航空公司，除了飞柬埔寨的暹粒之外，还飞泰国的苏梅岛，中国的桂林和西安等地。

本来去吴哥窟用的是喷气式飞机，但当今别的那几条航线生意较好，喷气式飞机让给它们用，飞暹粒的都是螺旋桨飞机了。几十年没乘过螺旋桨飞机，友人之中有些人颇担心。

但飞机是新的，才用了三年。机身在法国制造，引擎是加拿大造的，很稳。空中小姐说她们更喜欢飞螺旋桨机航线，当然她们无选择。

经五十分钟左右就抵达暹粒机场，是新建的，规模不大。

离市中心只有五公里，很快就到。一路上看到的都是酒店，建设中的旅馆也不少。柬埔寨政府现在才意识到旅游事业可带来巨大收益，拼命发展。以后这里也许会变得像普吉岛那么繁华。

十月到次年三月是旺季。四月起热得不可开交，又下雨，道路泥泞，飞机也震荡。旅客一少，旅馆都降价，这段时间去很便宜。

而且，在雨中看吴哥窟，别有一番凄凉的风味。

食 宿

还没来吴哥窟之前，去过的友人都会告诉你，小镇中有两家最好的酒店：老的是新加坡莱佛士酒店集团办的吴哥莱佛士大酒店（Raffles Grand Hotel D’Angkor）；新的是吴哥索菲特皇家酒店（Sofitel Royal Angkor），属于法国集团。

到达后你就会发现，前者也没有老到哪儿去。它虽然有七十五年的历史，但已完全重新装修，只剩下电梯是老的。它的外表并不起眼，有一百三十一间房，房费从每晚三百多美元起，到豪华独立洋房的每晚一千九百美元。不必换当地钱，一切交易均可用美元，省去许多麻烦。

“索菲特”更大，有二百三十八间房，价格从每晚二百八十美元到一千五百美元。

中档的酒店有世纪酒店和潘西酒店（Pansea Hotel）。

当然，如果你是背包旅行者，城内有无数小旅馆供你选择。像“甜梦旅馆”（Sweet Dreams），房费每晚五到十五美元，是高价酒店房费的百分之一。

吃的方面，柬埔寨食物受泰国和中国影响，本身并没有什么很突出或典型的菜。

我入住后的第一件事就是到菜市场去逛逛，看到小食摊中卖的皆是浓汤米线。把鱼煮得稀烂，加上香料，淋在一团团米线上面，就是当地人最基本的早餐、午餐和晚餐。

很小的鱼，已经有点腐烂，还在一篮篮地贩卖。大条的多数是淡水鱼，背上有黑斑，像蛇多过鱼，样子奇丑。这种鱼也试过炸的，肉质相当粗糙。名贵的笋壳鱼，都拿来出口了。

导游们劝旅客别在街边乱吃东西，甚至不可喝冰水，所以大家的三餐皆在酒店内进食。住个几天的话，餐单上的菜名都能背得出来了。出去吃的话，有一家叫“Samapheap”的不错。

暹粒大兴土木，在豪华酒店（Raffles Grand Hotel）的对面要建一家新的维多利亚酒店（Victoria Angkor Resort & Spa），同样是五星级。其他四星到没有星的酒店现有六十家，未建好的有四十家。

度假式的独立屋酒店——安缦萨拉酒店（Amansara）也是一个很好的选择，但房费也要六七百美元一天了。

吴 哥 窟

整个吴哥窟面积很大，慢慢看的话得花上一个月。但一般游客时间有限，最多看一至三天。

当地政府很会赚钱，一天的门票二十美元，三天的四十，七天的只要六十。入口处有座建筑，工作人员免费为你拍张照片，印在证件上。颈上挂这块“狗牌”，就能到处走了，用完还可以拿回家当纪念品。

千万要计算好你有多少时间，决定好要看些什么才行。一般旅行社会安排你去游船河（即乘船游览），看水上市场，这就要花掉你一天。水上市场？到曼谷去看更精彩！来到吴哥窟当然先看古窟和寺庙嘛！

吴哥窟一共有二十二个重要的景点。最大的才叫吴哥窟（Angkor Wat），当然值得一游。

但要选择起来，其次是大吴哥城（Angkor Thom）的大石面相雕刻。第三个为“森林庙宇”塔普伦寺（Ta Prohm）。最后一个是看日落的山丘巴肯山（Phnom Bakeng）。

去这四个地方，需两至三天。如果一来就游船河，可真浪费时间！

吴哥窟被宽大的城壕围绕，要经过很长的石桥才能抵达。首先入眼的是七座巨塔，其中有两座已倒塌，现在看起来一片灰黑，残旧不堪。当年，这些塔是用金箔包着的。

建筑这个城市的是苏耶跋摩（Suryavarman） 二世国王。他南征北战，墙上的浮雕，都是刻来歌颂他伟大的胜利。

建筑受印度教的影响，当时的印度文化还是很受推崇的，东南亚所有国王都争相模仿印度的建筑。

一般的游客都只是在大院中拍几张塔的照片。佛像和浮雕要爬上高层才看得到。

趁年轻时去看看吴哥窟吧！我当学生时来此游过，和数十年后重游的心境完全不一样。

其他景点

给大家印象最深刻的是那些巨大的人头雕像，面向东南西北，无处不在。

这些人头脸带笑容，像是慈悲，又有一点恐怖，是依照阇耶跋摩（Jayavarman）七世的脸刻出来的。之前的国王只信印度教，自他开始受佛教影响，于是让人把自己的形象刻得和佛祖一样，永远地俯视他的国民。

看这些古迹就要到第二个景点——大吴哥城了，这个区的中心称“巴戎寺”（Bayon），充满各种佛头。

未抵达之前要先经过一个石门，顶上当然是国王面带笑容的石像。石门仅容一辆汽车通过，非常狭小。

游客看到这个门往往即刻下车，拿出相机，拍个不停。其实里面的石雕才更精彩，你去的时候不必太过心急。

整座“巴戎寺”有四十九个塔，都荒废得凹凸不平，像剩下的一副骸骨，只有带笑容的人头雕像是完整的。

爬上石阶，有更多的大头，可以在这里近距离拍照。这是爱好摄影的人梦寐以求的。当中还有许多门框，一层又一层，偶尔看到柬埔寨儿童从门框中探头望去，光和影配合，本身已是一幅沙龙作品。

但最值得一看的是第三个景点——塔普伦寺，被称为“森林庙宇”。一条条吞噬石庙的巨大的老树根，会令你想起大蟒蛇。令人惊叹的并非恐怖感，而是人类的建筑永远敌不过大自然的力量。

车子停下后，再走五分钟的沙路，才能看到塔普伦寺。这段沙路会弄得你满鞋、满身衣服都是沙，去看塔普伦寺最好穿便服和拖鞋。

观日落的巴肯山可骑大象爬上去，每程约付十五美元。其实这里只是个观景平台罢了。不如在吴哥窟乘氢气球升高，日出日落，任你看个饱。费那么多金钱和精力干什么？

越 南

西 贡 行

胡志明市，一听脑中即刻浮现战火的印象。但说到罗曼蒂克，还是叫它“西贡”。长堤上，圆尖草帽之下飘着垂直的长发，一身白色的丝绸奥黛，开着长衩。大腿给黑色的香云纱裤子包裹着，一寸肌肤也看不见。但风吹来，衣服紧贴美少女的胴体，身材表露无遗。这就是西贡了。

为了追求一碗完美的牛肉河粉，我再度到访西贡。牛肉河粉（Pho），念为“Fur-R”，有点饶舌。喜欢吃牛肉河粉的人，都会准确地发音。

天下老饕，没有一个不爱吃越南牛肉河粉的。就算最挑剔的美食家安东尼·波登（Anthony Bourdain），也为之着迷。喜欢牛肉河粉的人都会聚集一起，互相交换意见，比较自己吃过的，评一评哪一家最好，争论得面红耳赤。喜爱的牛肉河粉店往往是在巴黎、在休斯敦、在墨尔本，而不是其老家越南。

既然如此，为什么要去越南找？在大家知道牛肉河粉是最美味、最健康的食物时，越南本土也默默地兴起热潮，街头巷尾全是牛肉河粉店。它们装修得更干净、更豪华，用的材料更精美了。所以我也有必要重新去发掘。从前的著名老店，像“Pasteur”路上的“Pho Hoa”和“Nguyen Trai”路上的“Pho Le”都有新门面；过去的连锁店“Pho 24”和“Pho 2000”，已被更新、更大的连锁店代替。会安的牛肉河粉也入侵西贡，更有许多其他大大小小的新店。我一家又一家地去试。

河粉的品质反而变成次要的，最重要的是第一口喝下去的汤。我们都知道这是决定性的，重点在于甜美之外，还要清澈。汤一旦混浊，极影响味觉。每一家店都有他们所谓的“秘方”，但几乎都忽略的是牛肉的分量并不足够，尤其是在物资较为贫乏的首都河内，那里的牛肉河粉是比不上西贡的。你只要向河内人说起这个不足，他们当然不同意，一争执起来，就得出手打架。

我不能说哪一家最好，只能说哪一家我最喜欢。我最喜欢墨尔本的“勇记”。这是我的结论，也是我的偏见，谁都没有办法改变我的这种主观。

有一个现象倒是事实：没有其他任何一个地方用的香草分量比得上越南。在那边吃牛肉河粉，一上桌就是一大盘一大筲箕的芫荽、罗勒、薄荷叶、辣椒等，吃之不完，取之不尽。有如广东话的“任食唔嬲”，就是你喜欢吃多少是多少，店家是不会介意的。

如果你对各种牛肉河粉不熟悉，我建议你一到西贡之后，先去市中心的“槟城市场”。那里除了卖肉类、鱼类、蔬菜之外，还有无穷无尽的熟食档，你一家家去吃，就可以了解当地的小食有多少种了。

另一个去处也在市中心，那是一家叫“Ngon”的店，由一座富有人家的巨宅和花园改建而来。从前，这里的大屋内卖甜品，有座席，围着花园有各种来自乡下的小吃。当今已改变，在屋内扩大经营面积，以防下雨。热带地区的一场豪雨，是惊人的。

如果想吃甜的，首选是“Fanny Ice Cream”，它在一座殖民地式的巨宅之内。一进门就看到各种水果做的冰激凌，完全天然，不放添加剂。这家店有一段时间是可以“任食唔嬲”的，吃到你拉肚子为止。店里还有书架，俨如一间小型图书馆。法文看不懂的话也没关系，咖啡桌上有巨型画册供给参考。冷东西吃多了，再来杯手冲的越南咖啡，过一个懒洋洋的下午。

要是你想吃更地道一点的，那么“意芳甜品”（Y Hhuong）的花样最多，在那里也吃得最过瘾、最豪迈。店里的著名产品是拿一颗青椰子，把椰子水倒出来，加大菜糕和椰浆，做好了再装进椰子里面，好吃得不得了。另有三色冰、四色冰和马来西亚式的红豆冰，像吃大餐多过吃甜品。这家店整天挤满客人，生意做个不停，后来把旁边的铺子也买了下来当工场。净是吃甜的会腻，这家店在门口还摆了一个大摊档，从玻璃橱窗中可以看到有木瓜丝、虾米、鸡蛋丝、腊肠片等各种食材，吃法像福建人包薄饼，不同的是，这里用糯米粉做的粉片来包裹。

装修得古色古香的“会安”（Hoi An），室内家具全部采用酸枝木，食物又美味。这家店煮的牛肉河粉别有一番风味。这里越南乐队的伴奏，非常独特，又带有很重的“妖气”，值得一听。

酒店方面，还是柏悦酒店（Park Hyatt）最好，记着订三楼游泳池旁的房间，户外可以抽烟。晚上走出去散步，可到最古老的雷克斯酒店（Rex Hotel），天台上有乐队和女歌手表演。他们的乐曲，会带你回到二十世纪六十年代。

缅　甸

安　全

从香港到缅甸仰光，乘“泰航”下午三点起飞，两个多小时后抵达泰国曼谷，等待个几小时，再坐“泰航”，四十五分钟后就到达缅甸的首都仰光。

曼谷和香港有时差，比香港慢一个小时，仰光又较曼谷慢半小时。抵达仰光机场已经是晚上八点半，等于香港的晚上十点。

仰光的机场是长方形式的，两层楼，没有连接走廊，需乘巴士到出入境处。

六排的海关柜台，飞机乘客两百多名，也要排长龙。但每排柜台有三位工作人员，不久便可通过。

传说中要买一条香烟，每过一个站送一两包才能顺利通关。事实上，没发生此种现象。

提出行李走出来，问迎接的旅行社老板：“去哪儿可以用美元换缅币？”

“这种强迫制度，两个月以前已经被取消了。”他回答。

一路上，仰光给我们的印象是路灯幽暗。路旁的民居和商店也不太点灯。可是，住惯了香港的人，去到哪儿，都觉得幽暗。

天气很好。十、十一、十二这三个月是全年最好的季节。夏天来太热，秋天来遇雨季。而此时温度二十四五摄氏度，又有阵阵凉风吹来。

“安全吗？这个都市。”我问。

“你看外面。”旅行社人士说。

路上，有独身少女在散步，也见三五成群的女子嘻嘻哈哈。从她们的衣着和举止，可以看出像学生或普通家庭的女子，并非夜间的女郎。

“如果女人在晚上满街走，男的就更不必怕了。”他们说。

“小偷、扒手呢？”

他们笑曰：“接下来几天你们观察好了。”

这里有很多殖民时期留下来的巨宅、垂到湖面的树枝，让人感到很熟悉，像数十年前的新加坡，也很像马来西亚的小镇怡保。一切是那么宁静和太平。

住　宿

旅行社的工作人员带我们来到帝苑酒店（Royal Garden Restaurant）吃饭。原来是家中国餐厅，也不分什么地方的菜了。听说大厨来自新加坡，在这儿住了十多年，当然也忘了什么叫广东菜或海南菜。

食物不敢领教。不过，既来之则安之，我们也没抱怨，只吩咐下次不准踏入中国餐厅。

“明天一早安排你们乘飞机到海通去，看当地的‘海上吉卜赛人’莫肯人（Moken）潜水。”

事前没沟通，不能怪他们。我即刻摇头摆手：“不去了。只有五天时间，让我们好好了解一下仰光再说。”

“那也行，”旅行社老板吩咐手下退机票，“今晚订好了‘日航’酒店，连住四晚吧！”

“不，不。一晚换一间。”我说。

“日航”面对着皇家湖（Kandawgyi）。它是仿古建筑，五年前建好的，尚新，有三百零三间房。

已入夜，糊里糊涂睡了半觉，凌晨四点起床写稿，好歹等到六点。天方亮，绕湖散步，再返回房间休息。

从窗口望下，周围一间间殖民时期的大屋，甚破落。当今不知道谁有权住进去。是军人吧？

酒店的自助式早餐很丰富，另有中餐厅、日本菜馆、西餐馆、池边海鲜烧烤和酒吧。当然少不了卡拉 OK 和健身美容的 Spa。

当地食物之中，有种很像新加坡“米暹”的东西，是用碟子盛了一团米线，再淋上香浓的汤。汤里有香茅、洋葱及鱼碎，上面再撒些炸蒜蓉、芫荽和鱼露，应该是最地道的早餐。

用不惯刀叉，向侍者要一双筷子。来之前学了几句单语（即简单的话），筷子叫“Tu”，和福建发音很接近。缅甸的华侨以福建人居多，唐人街中卖的卤面（Lo Mei）和卤肉（Lo Ba），缅甸语也采用。

住这家酒店，印象最深的还是电梯口的那张画：画中一个大榴梿，中间横条红线。此乃禁止携入之意也。据说，没有一家酒店画女子的。

珍 惜

盘点仰光的五星级酒店：

一、靠湖边的塞多纳酒店（Sedona Hotel）最新，很受东南亚旅客欢迎。坐在大堂中看日落，太阳就在你眼前。可惜的是，一般新酒店都没什么品位，美国连锁旅馆化，缺乏个性，但比“日航”要高一级。

二、万丽茵雅湖酒店（Renaissance Inya Lake Hotel）原来是苏联人建的，由以色列人经营，在一九九五年重新装修。它是一栋白色建筑物，非常巨大，有二三十间房。周围环境如高尔夫球场，有山有湖有树林，非常幽静。塞多纳酒店和它一比，就被比了下去。

三、盛贸饭店（Traders Hotel）。凡是看到“Traders”名字的，就是“香格里拉”的第二线旅馆。它的优势在位置，处于城市的心脏。西方旅客最喜欢，我们嫌它的床单和毛巾较残旧，却收五星级酒店的房费。

四、斯特兰德酒店（The Strand）是市中心最古老的酒店。这家酒店和香港“半岛”、曼谷“东方”、新加坡“莱佛士”一样，都是东南亚的标志酒店，闻名已久。

走进去一看，大堂很显然没有其他几家那么气派，虽说每一间都是套房，但不分厅、房。三层楼，只有二十多间房。四百到九百美元一晚，物无所值。但这家酒店内的咖啡厅的下午茶是高级享受，除了英式三明治，还有地道的小食。吃缅甸菜喝英国茶，配合得极佳。

五、皇宫酒店（Kandawgyi Palace Hotel）最有特色。它是森林别墅式的建筑，一切由柚木搭建，地方很大。有一个剧院式的餐厅，在湖边进餐也行。游泳池无边缘，像和湖连在一起。

年轻人背包旅行，可选择各小旅馆，房费每晚由五到十美元，也干净。过了这个年纪，进入享受时期，就不必再受这种苦。但虽说五星级酒店有种种设施和服务，毕竟失去十几二十岁少年的兴奋。

其实每个年纪都好，看你珍不珍惜。

大 金 塔

大金塔（The Shwedagon Paya）在仰光无处看不到，从大厦和树林的间隙中都能看到这座亮晶晶的黄金宝塔。

有东南西北四个入口，爬上小山，就能抵达金塔。一般人都能步行上去，身体有障碍者可由北门乘电梯。普通游客们也可坐电梯。不肯花这一点脚力的，是心灵的残障。

先见到一株四人合抱的菩提树，据说是从佛祖悟道的那一株接枝过来的。

接着就是那大金塔了，三百英尺高，巨大无比，堪称世界之最。金塔以泥堆成，外面用铜片包住，再铺上无数的金箔，永不剥落。

塔顶上有个风向翼，镶着一千一百颗钻石，一千三百八十颗红宝（石）绿宝（石）。顶尖更有一颗最巨大的钻石，七十六克拉，用四千三百五十一颗细钻包围，共一千八百克拉。

入庙不准穿鞋袜，赤脚走在火烫的石板上并不好受。在阴凉处行走就是，不管太阳多大，都有阵阵凉意，不觉其苦。

四面绕一周的话，沿顺时针方向走才对。你会看到塔边的无数庙宇，皆铺金瓦，墙上挂绿的雕刻精美，不逊于中国的。

信徒并不用跪地朝拜，而是将双脚曲于左侧面向佛盘坐。大家也不喧哗，默默祈祷。缅甸人认为一生之中非到大金塔一次不可。外国游客来缅甸，若不来大金塔也是人生的损失。

亲自看到，才能了解什么叫“佛国”。缅甸人民贡献了所有的人力、物力来堆积这座金塔，洗涤他们的心灵。让我们这种只捐数美元的游客也来分享一点点安宁吧。

一大早或者日落时分来欣赏金塔是最好的，不太热，光线又优美。晚上来另有一种梦幻的气氛，但大金塔只开放到夜间九点。

仰光绝对值得一游，当你和我一样被佛教力量震撼时，你会同意的。

不受污染

东南亚诸国的首都，再也找不到一个像仰光那样不受污染的。

污染有两种：自然环境的破坏和文明开放后外面带来的坏影响。

一般的缅甸人民还很穷困，汽车不多，电、油也是配给制。这里没有被一片黑黑灰灰的大气层笼罩，我们白天可看到蔚蓝的天空，晚上可看到数不尽的星星。

在军人的严厉统治下，偷窃拐骗行为几乎不存在。加上众生信佛，生活朴实，整个都市可以说是安全到了极点。

从什么地方可以看出？当地友人黄先生以为我们要用很多钱，到银行去提了两大皮箱现款。走出来，路人看都没看他一眼。

当然，缅元是不值钱的，一美元等于一千缅元（Kyat）。最大的纸币面额也不过是一千。为了方便计算，我们常把当地价目最后那两个零遮住，就当是港币了。

因为缅甸出产各种玉石和金银，出售此类物品的店铺甚多。但店门口却从没大铁闸或者警卫护守。

因游客不多，商店也懒得敲你的竹杠。反正东西便宜，我们也不太讲价钱，最多是比当地人买的贵一点点而已。

风月场所少见，几家“的士高”和娱乐中心相当破落。据友人说，“识途老马”的话还是有门路，但绝对不像曼谷那么猖狂。

去一个地方旅行，到处见到警察，不是件让人愉快的事。仰光街上几乎没有警察。

当地政府对公众、企业的管控也放松了，旅行社、交通机构和酒店餐厅大多是私营的。游客在当地花的钱，并非像西方国家所说的，完全进入政府的口袋。

纱　笼

生活得朴实，也需要自然条件配合。缅甸处于热带，着装方面只要一件上衣和围下身的一条纱笼就够了。从来没有见过纱笼那么流行的国家，男女老幼，都围着纱笼。

基本上，纱笼是一匹六英尺长、三英尺半宽的布，两头缝起来，成一个圆圈。踏进这个圆圈，左手拉一角，右手拉一角，互折之后，把两个角缠两周，塞其中之一角进肚子，纱笼就永不脱落了，绝对不会出丑。

大街上到处是纱笼铺。我买了一条精美的，三十块港币。拉着导游要他教我怎么缠，学了几次，皆不成功。回到酒店，冲好凉，再自修数遍，终于成为高手。热天穿纱笼，舒服得上瘾。

许多西方游客都入乡随俗，男女上衣穿运动衣，下面围纱笼到处走。穿短裤、迷你裙是不礼貌的，尤其到寺庙奉拜，更是禁忌。但既然客人大老远来，拒绝客人进入参观也没礼貌，收费处会借一条纱笼给你围一围。

正式场合中，纱笼之外，上面要穿一件高圆领的白衬衫，再加一件中国式的马褂。马褂有一字排的布扣，但没有领子，露出白衬衫的圆领。

传统上，头上还要包一条发巾，打了一个结在左侧。周恩来到缅甸参加他们的泼水节时，周围的人穿的就是那个模样。天气太热，如今包发巾的习惯已不常见了。

车子经过一所中学，正巧学生放学。学生们上面穿白衬衫，下面围绿色的纱笼，这就是校服了。书籍带得不多，不像香港学生那么受折磨。

配纱笼的是一个布袋，多数是当地的手织品，做工相当粗糙，并不像泰国袋那么精致，也很少用真丝纺织。

我怕自己惯用的那个黄色“和尚袋”，缅甸人看了会觉得亵渎神明，就买了一个当地人做的布袋，再把和尚袋藏在里面。这样一来还可防小偷。但仰光没小偷，担心是多余的。

美 食

在仰光那五天当中，大小餐馆，各类街边档都试过。缅甸菜不像泰国菜那么千变万化，但也很有特色。

基本上，缅甸菜很受印度和中国菜的影响，如前者的咖喱和后者的清炒蔬菜。仰光人吃河鲜较多，大头虾肉质细嫩，味甜美，膏又多，不像中国养殖的罗氏虾。螃蟹也好吃，鱼类肥大。

最具代表性的，应该是腌茶沙拉（Lephet Thoke）。

潮州人不说“喝茶”，而叫“吃茶”。缅甸人更是名副其实地口嚼，吃的是发酵过的湿茶叶。

腌茶不只是食物，更是一种生活方式。到缅甸人家做客，主人一定会拿出它来招待，餐厅更当它是一种饭后小点。

腌茶通常是装进小碗，再放入一个大盘中捧出来。材料有：花生米、炸黄豆、炸蒜片、发过的虾米、芝麻、青柠檬、鱼露、干葱、指天椒和发酵茶叶。

菜市场和超级市场皆有一包包的现货售卖。要自制腌茶的话，买刚摘下来的，蒸一蒸，放进陶钵或竹筒，储藏在阴暗的地方六个月而成。

餐厅会给游客一根茶匙，寻常当地人则多数用手，但注意一定要用右手。用拇指、食指和中指三根手指抓来吃，感觉比用茶匙佳。

小口咬之，茶香喷出，就不必用沸水沏了。

还有小陶钵饭，把牛肉掺在米中来炊，肉汁入味，底部有饭焦（即锅巴）。

豆酱猪肉也做得好，用黑漆漆的豆瓣酱腌整块的肉，蒸熟后切片，再淋上酱。汤中多数加香茅和金不换，很惹味。

最典型的甜品有焦糖香蕉和椰浆蛋糕。酸奶也做得不错，像冰激凌。

到仰光去，切记莫食中国菜，好好的鱼也被他们蒸得不像样。

南洋水果

南洋水果（上）

水果，我极度喜爱。一有喜爱，必有偏见，不可避免。

我认为水果应该是甜的，所以你若对我说这种很好，不过带酸，或者酸一点才好吃呀，我不以为然。吃水果一定要吃甜，要酸嘛，嚼柠檬去！

当然，地域性的影响很大。我是在南洋出生的，所以偏爱热带水果。而热带水果之中，榴梿称王。

数十年前，我来香港时，榴梿并不流行，只有在尖沙咀的几家高级水果店可以买得到，不像现在满街都是。在南洋住过或常去旅行的阔少懂得欣赏，买来吃后，剩下的分给家里的顺德妈姐。渐渐地，培养出一小众榴梿爱好者。

二十世纪六七十年代香港经济起飞后，最热门的旅游胜地是“新马泰”。这三个地方都卖榴梿，香港人跟着吃上瘾的愈来愈多，那股所谓“奇臭”的气味变得可以接受，连超级市场也卖了起来，后来简直是全市泛滥了。

但当时市场上卖的都是泰国榴梿，它的品种和其他地区的不同，可以采摘下来，等它慢慢熟了才吃，所以海运到香港也不成问题。而马来西亚的，是熟了掉下来才可以吃，而且只可保存一两天，如果壳裂了，味道走失，就无人问津了。

马来西亚榴梿的味道当然比一般的泰国榴梿浓郁，而且富有个性，一试就分辨得出。香港人嘴刁，于是马来西亚的“猫山王”就流行了起来，一个要卖到五百元港币。

这股风气传到内地去，当今内地的人们也大兴吃榴梿，但还是停留在吃泰国榴梿的阶段，而且不甚会吃。在水果店看到的，有许多榴梿已经裂开，人们也照买照吃不误。不过“有闲阶层”渐多，大家也开始吃“猫山王”了。

兴起吃“猫山王”的风气，原因有两个：一、已研发出可以保存一个星期不裂开的品种；二、名字取得好，有“猫”，又有“王”，好玩又好吃。

其实，马来西亚榴梿的品种愈变愈多，什么“D24”，什么“红虾”。当今又有叫“黑刺”的，说是最好的。我正在组织榴梿团，到产地槟城去仔细研究一番。

另一原因是科技发达，冷冻技术已进步到保存几个月也不走味了。当今供应给内地有钱人吃的“猫山王”，已有整颗冷冻的，还有剥了核一盒盒保存的，都不停地往内地寄。盒装的更供应于制作糕点用。

可怜的泰国榴梿，在香港差点被打入冷宫，但刚刚学会吃的人还是照吃不误。其实有那么不好吗？也不是。大家没吃过泰国好的而已。泰国有种高级的，在几十年前已售上百美元，那些榴梿树都有专人拿着霰弹枪在树下把守。我吃过，实在是不逊于任何“猫山王”。

当今到泰国去找，也不容易。一般在市场买到的都没那么香。而且，泰国本地人有种怪癖，是像意大利人吃意粉那样求口感，要带点硬的才算好吃。我们不习惯那样的口感，吃进口就皱眉头。

除了泰国和马来西亚，印度尼西亚、越南、老挝、柬埔寨等国，也都出产榴梿。这些地方的榴梿味道不佳，原因：第一，质量不佳；第二，当地人并不十分看重，不像马来西亚人说“当了纱笼也要买来吃”。

榴梿在什么状态之下才最好吃呢？我们这种叹惯（即享受惯了）冷气的香港人，当然是不喜欢温吞吞的，就算是在树下吃刚掉下来的，也不如放进冰箱中冷冻一下那么美味。马来西亚的友人——钻石牌净水器的老板知道我的偏好，把刚从树上掉下来的最好的榴梿，放进一个大发泡胶箱之中，加大量冰，一箱箱运到我面前。啊，那种感觉，真是惊为天物！

榴梿一冷冻，味道就没那么强烈了，初试的人也可以接受。而且榴梿无论怎么冻，也不会硬到像石头。选核小的，冷冻后用利刀切下肉来，一片片，像冰激凌一样，一吃就上瘾。

当今的榴梿变种又变种，味道已没旧时那么强烈。吃完，用肥皂洗手，冲一冲就没味了。不像从前，吃完三天后手上还留着味。这种情形与当今的大闸蟹一样。

叫人拿了榴梿壳放在水喉（即水龙头）下，让水冲过榴梿壳，再流入手中，那么，多强烈的味道也能冲得干干净净。不相信试试看就知道我没撒谎。

张爱玲喜欢吃鲥鱼，恨事就是“鲥鱼多骨”。我们酷爱榴梿者，恨事是“榴梿有季节性”，不是任何时间都有得吃。虽然当今可以冷藏很久，也不及新鲜的味美。

解决办法是在澳洲种。这个节令与我们相反的国家，最适宜生产榴梿了。荔枝不当造时，澳洲有新鲜的运来。最初并不行，皮也容易发黑，逐渐变种，现在种出来的已经不错，再过数年，一定长得和中国南方的一模一样。

内地有很多企业家，这个工作由他们去投资、去种好了。我们香港人，等着享受吧。

我最喜欢说这样一个关于榴梿的笑话：从前的旺角街市，围着一群人。一班意大利游客前来，好奇地挤上去看是怎么一回事。原来大家正在抢购榴梿。八个意大利人一闻，昏倒了六个。

这是真人真事，查查二十世纪七十年代的“港闻”，就知道的确发生过这件事。

南洋水果（下）

说了“果王”榴梿，非谈“果后”山竹不可。我不太喜欢山竹，因为它多数是酸的，真正甜的不多。

山竹的构造很奇怪，尾部的蒂有几个瓣，里面的肉就有几个瓣。不相信的话，下次吃时可以数数看。

它的壳并不硬，双手用力一挤，就能打开，但还是用刀在中间割开较为美观。里面的肉是洁白的，白得很厉害；壳是紫色，也紫得漂亮。小心别让它的汁沾上衣服，否则洗不掉，所以也利用它的这个特点来做染料。

南洋水果中，我最讨厌的是菠萝了。小时候经过一菠萝园，采摘无数，堆在公路旁任大家吃。没带刀，就那么在石头上摔开了大嚼，吃后发现满嘴是血。原来，菠萝的纤维很锋利，把嘴割破了。从此留下阴影，别说吃，现在一提起，头皮就出汗发痒。真是怪事。

火龙果是近年才兴起的，肉有白色、血红色的，味淡。如果肠胃有毛病，不必吃汤药，吞一两个就行。越南出产的火龙果售价甚便宜，并不美味。要吃就去买哥伦比亚出产的好了，皮黄色，肉一定甜。其实这种仙人掌科的水果，欧洲也盛产。在意大利西西里的公路旁有大把，没人要。摘下，用刀刮掉刺吃进口，香甜无比。

波罗蜜香港人称“大树菠萝”，也不只种于南洋。果肉甜，爽脆，但有胶质，吃了手黐黐黏（此处指粘黏）。清除的方法是到厨房取一点火水（即煤油）擦一擦，即除。但现在到哪里去找火水？

我爱吃的是它的种子，用沸水煮二十分钟，取出，去皮，口感像栗子，很香，可下酒。

有一种水果较波罗蜜小，样子一样的，叫“尖不辣”。其口感像榴梿，果实也可以煮来吃，较波罗蜜美味。当今已罕见，可能是没有什么商业价值，无人种了。

阳桃又叫“星形果”，酸的居多。腌制后加糖可做成阳桃水，中国台湾人做这个最拿手，有股奇特的香味，很好喝。卖得最出名的那家叫“黑面蔡”。

荔枝在南洋种不出，它是亚热带水果。有和荔枝相近的，叫“红毛丹”，大多数是酸的，个别甜的清爽美味，不过果肉黐（此处指粘）着核的硬皮，嚼后觉得口感很差。红毛丹的外壳上长的毛并不硬，有种变成硬毛的叫“野生红毛丹”，果肉软，不好吃。

露菇又叫“冷刹”，泰国产的比马来西亚多，也很甜，果实半透明，黐核，吃起来没有满足感。但放在冰箱冷冻后一颗颗剥开，让人百吃不厌。

罗望子，又称“酸子”，其实不全是酸的。泰国产量最多。新鲜时一串串的，剥开了豆荚般的壳，里面果实包着几条硬筋，去掉后就可吃其肉，很甜，但核大，吃完吐，吐完吃，味道佳，可吃个不停。酸的罗望子腌制后变成调味品，南洋菜中把它当成酸醋来用。

最吃不惯的是一种称为蛇皮果的东西，名副其实，其皮像蛇的皮，看了倒胃。但没试过的总要吃一吃，发现虽甜，但有一种不能接受的异味，算了吧，注定与它无缘。

样子像乳房的是越南的奶果。在菜市场中买得到的还是太生，很硬，要揉捏后才变软，剥了皮吃很甜。据说除了样子像，还真的对胸部发育有帮助，是故越南少女的身材都比邻国的好，有兴趣的人可加以研究。我只觉得味道不错，很甜而已。

释迦，样子像佛陀的头发。外国人叫它“Custard Apple”，是因为其口感像甜品中的糕点。香港人称之为“番鬼佬荔枝”，其实与洋人一点关系也没有。长在马来西亚的品种，很小；泰国生长的大一点，更甜。台湾人拿去接枝变种，变成西柚那么大，非常甜。冰冻后掰开，可以取出一瓣瓣的肉来，我最爱吃。近年澳洲也产释迦。

选购时要看皮的条纹是否清楚，要是平滑了，一定不好吃，而且有怪味；若是一瓣瓣条纹很清楚的，才好吃。

南洋水果，最普通的，莫过于杧果和香蕉了。这两种东西也不限分布于南洋，远至印度，甚至中国内地南部，也都盛产。

杧果最多来自菲律宾，早年一箱四五十个才卖一百元港币。引发出杧果甜品潮，像杨枝甘露就是当年流行起来。菲律宾更有种迷你杧果，叫“钻石杧”，很香。好吃的多来自泰国，有的清香爽脆，刨丝生吃亦佳，做成杧果糯米饭，更是诱人，让人一吃难忘。连日本人也爱吃，后来他们自己研发，在较热的九州岛种植，一个要卖一百多元港币。

一般公认为最香甜的是印度亚芳素杧果。但台湾的土杧，个子又小，又绿又黄又丑的，也令人吃上瘾来，一买就是一大箱。天热时拿一张报纸铺在地上，再来一盆水，一把刀，一面削皮一面吃，吃个不停，最后流出的汗也是黄色的。

香蕉的种类更多了，大大小小，各种颜色。我吃过红如火的。小的香蕉像拇指，皮不直剥，而是横向撕开；大的香蕉，真是名副其实的“香蕉船”，三英尺长，要拿勺子挖来吃，其核如胡椒，吐得满地都是。

因为香蕉太普通，也吃得太多，我当今已少吃了。偶尔回到南洋，见有印度人在街边卖炸香蕉，买一条来吃，并不美味，怀旧一番而已。

第二章

南亚

神秘古老

不　丹

不丹之旅

不丹，和中国的台湾差不多一样大，三万八千多平方千米。一个横向，一个纵向。人口，中国台湾地区有两千多万人，不丹只有七十多万人。

不丹有“树木最茂盛的国家”之称。当地法律规定，每砍一棵树，必得种上三棵树来抵偿。但一路上看到的，还是枯枯黄黄的感觉，不像中国台湾地区那样，整座山都是绿色的。这都是亲自观察、比较，才得到结论。不丹，像不像外面传闻的那样，是全球生活幸福指数最高的一个国家呢？

我们从香港国际机场起飞，经曼谷，转乘“雷龙航空”，中途还停了一下在孟加拉国加油，才抵达这个“山城”。说是“山城”，不如说“山国”。不丹整个国家都藏在山中，从一处到另一处，非得经过弯弯曲曲的山路不可。唯一平坦的道路，只有帕罗（Paro）机场的飞机跑道。

帕罗机场是不丹唯一和外界接连的机场，其国内也有航班，从西至北，班次极少。跑道在山与山之间，降落时有点像从前的香港启德机场，只是以高山代替了大厦。

踏入不丹，就会发现空气并不如传说中那么稀薄，不像去了九寨沟会患上高山症。不丹没有问题，大家想去的话，不必担心那么多。

要注意的反而是看你会不会晕车。马来西亚的金马仑高原那段路，和不丹的山路比起来，简直是小巫见大巫。我们在不丹这八个晚上九个白天的旅程中，在车上过的时间真多，不停地摇晃，刚想睡上一刻时，即被摇醒。怕走山路晕车的，还是别去了。

从帕罗机场到的第一家酒店，位于首都廷布（Thimphu）。虽说只要一个半小时，也坐了差不多两个钟头的车。那边的导游没什么时间观念，照他所说的加上一半，就是了。

全程入住当地最好的安缦酒店，每两晚换一家。大堂、客厅和餐室各不同，房间的格式倒是差不多的。这系列的酒店有一特点，就是一眼望不到，总是要经过山丘或小径才能抵达，像走进一片新天地。

建筑材料尽量采用自然的，石块堆积的广场、原木的地板、一片片的草地，衬托着远处的高山、巅峰积着的白雪、直插入天的老松树。

窗花不规则，太阳一升起，阳光在白墙上透出各种花纹。仔细观察，像一部经书。这些情景不能用文字形容，我拍下照片放在微博上，各位网友看了也惊叹说和梵文一模一样。

这一家一共有十一间房，再下去的两家酒店只有八间，最大的在帕罗，有二十四间。舒服的大床，浴缸摆在房间中间。最有特色的是个火炉，有烧不尽的松木。不丹早晚温度相差甚远，晚上生火，相当浪漫。其他设备应有尽有，就是不给你电视机。

下午，可到镇上一走。所谓的镇，不过是几条大街，布满货物类似的店铺。如果你觉得不丹是落后的，那么你不应该来。到这里，就是要找回一些我们失去的纯朴。

吃饭时间，有喝不完的鸡尾酒。传说不丹禁酒，其实没有，机场也卖，还有当地的白兰地、威士忌和啤酒呢。前二者试过，不敢恭维。啤酒有好几种牌子，最浓也最有酒味的叫“二万一”（Twenty One Thousand），不错。

三餐酒店全包，吃饭有不丹餐、印度餐或泰国餐及西餐的选择。虽无中国菜，也不感吃不惯，反正有白米饭，配一些咖喱，很容易解决。到了这里，不应强求美食。

翌日上午到一间庙走走，下午安排了一个散步活动。在平地上走个三小时左右，这是让你热身的，再下去就要爬山了。运动量很大，体力不够的人还是别参加，不然会拖累同伴。来不丹，应该趁年轻。

再睡一夜，就往下一个目的地岗提寺（Gangtey）走。绵延不绝的山路，弯转又弯转，何时了呢？问导游，回答说全部车程六个小时。噢，那就等于九个小时了，不会要走那么多路吧？一点也不错，连休息，一共是十个小时以上，要了半条老命。

沿途的风景相当地单调，无甚变化。偶尔，在灰黄的山中，还看到一些大树，长着红花，应该是属于杜鹃科。杜鹃在不丹的种类最多，可以在途经的国家植物园中看到数十种。

为了破除路途上的烦闷，我准备了很多零食，加应子、甜酸梅、薄荷糖、陈皮、北海道牛奶小食、巧克力等，又把长沙友人送的绿茶浸在矿泉水中过夜，十多小时后色香味俱出，可口得很。我不知丹宁酸是否过度，也不管那么多了，用纸杯分给大家喝。我自己则用那虎牌（Tiger）的小热水壶泡了一壶浓普洱，慢慢享受。

为了赶路，也不停下来吃午饭，酒店准备了一些俱乐部三明治，糊里糊涂吃了。车子不停地摇晃，坐得愈来愈不舒服，也只有强忍下来。

到了一处，导游说前面的山路要爆大石，得停下来。问要等多久，回答得半小时。唉，有一小时没事可做了。正在发愁，导游果真细心，拿出一张大草席，铺在石地上，另外取出枕头来。

前一晚没有睡好，又已经坐了八小时的车了，看到那平坦的地面，不管多硬，就那么躺了下去，果然睡得很甜。如果在这种环境能够入眠，还有什么地方不能睡呢？

岗提寺处于一个山谷之中，周围也没有什么好看的。此地盛产薯仔（即马铃薯），大大小小的各种不同种类。喜欢马铃薯的人一定会高兴，但我一向对这种被国内称为“土豆”的东西没有

好感，怎么吃，也不觉得味道会好过番薯。当晚的薯仔大餐我可免则免，见菜单上有鳟鱼，好呀，即点。

一路经过的清溪不少，鱼也多，一定不错吧？一吃，我的天！一点味道也没有！原来不丹人主张不杀生，一切肉类，包括鱼，都是由印度进口的冷冻的，供应给游客，自己不吃。

要钓吗？可以，向政府申请准许证，外国人特许。不过我们不是来钓鱼的。

酒可以喝，烟就不鼓励抽了。抽的人不多，年轻人去印度学坏了，回来照抽不误，但会遭到同胞白眼。至于大麻，当今不是季节，否则到处生长，很多游客自采，像吃刺身（指直接吃）或燃烧吸之，政府也管不了那么多了。

从岗提寺北上，看整个行程最值得看的普纳卡堡（The

Punakha Dzong），就在一条叫“父河”的河和一条叫“母河”的河交界处。在1635年建立，几经地震和火灾，丝毫无损。寺庙的宏伟令人赞叹，巨大的佛像神态安详，皇族的婚礼都在这里举行。大庙中几百个僧侣一起敲钟打鼓之声也摄人心魂。在这里的确能感受到密宗的神秘力量。

看完庙后，酒店依照我们的要求，在河边设起帐篷，来一个烧烤。一切餐具都是正式的，喝酒的玻璃杯，吃东西的瓷器碗碟等均有。这个野餐真是不错，要不是苍蝇太多的话。

餐后，酒店员工们展示不丹的国技——射箭。他们的弓是用两根木条拼成的，得用相当大的力量才拉得开，箭呈抛物线形地向上发出，不容易掌握方向。模式和工具与奥运射箭项目不同，又没有大量经费支持，这个国技至今还打不进奥林匹克。

普纳卡（Punakha）的安缦酒店是由一座中国西藏式旧屋改造。此处当年是贵族居住的，建于山中。我们得爬过吊桥，再乘电动车才能抵达。这里环境优美，房间舒适宽敞，为最有特色的一家。虽然和岗提寺那家一样，只有八间房，但这里的有气派得多。

不丹是一个山国，老百姓住在哪里？当然是山中了。看到一间间的巨宅，根本就没有路来运建筑材料，全部要靠人工背上去，可见工程之浩大。

那就是贵族或地主生活的地方，一般人的房子只有建在公路旁边，但也得爬上山，没那么高就是了。这一间那一间，虽然简陋，但有这种小屋居住，已算幸福。

电视节目的接收，引起人民对都市的向往。地产商脑筋最灵活，开始筑起公寓来。所谓的公寓也不是很高，七八层左右吧。因为国家的法律规定，所有的窗、门还是要依照不丹式建筑，这一来把西方高楼和不丹低层楼搞乱了，变成非常非常丑陋的样子。但很多人都想拥进去住，大家挤在一起，买起东西来方便嘛。小区就那么一个个地出现了。

我们的最后一站，折回有机场的帕罗。经过用针松叶子铺成地毯的小径，又听到流水声，就到房间。我把从香港带去的方便面、午餐肉和面豉汤全部拿出来，大家吃得高兴。

来帕罗的目的是爬山。最著名也是最险峻的“虎穴 ”（Tiger's Nest）就在这里。虽然设有驴子可以骑，但只到一座山上。还是要靠自己爬上爬下，才到达其他两个高山寺庙。不是一般人可以吃得消的。

真的值得一看吗？也不见得。爬了上去，再不好看也说成绝景了。而且这里的空气，也不是特别的清新。通常到一个山明水秀的地方，我们都会感受到的灵气，在不丹是找不到的。一切都被旅游书夸大了。这也许是我个人的观点。

如果你是一个购物狂，那么导游都会劝你，到别的地方去买，到了帕罗才有东西可以买。而买什么呢？一般游客都会选一些带有宗教神秘色彩的手工纪念品，精明一点的购物者就会去找冬虫夏草了。

这里卖的冬虫夏草比中国西藏的还要便宜三分之一，但我们都不是中药专家，货好不好也分辨不出，价钱更是不熟悉，当然不会光顾了。

没有特别想要的，在一家家的工艺品店找找有没有手杖卖，买一根给倪匡兄。找来找去，都不像样，有些还是中国内地做的木雕花杖。走进一家小店，店主听完之后拿出一根。

一看，是桦枝杖。我们看到的桦树以白桦居多，不丹有红颜色的，还很漂亮，样子又自然。预算四五百块也可以出手时，店主说："送给你。"

"不行呀，又没买什么。""不要紧，不要紧，本来是买给父亲用的，但老人家一看到手杖就摇头，放在店里也没用，就送给你吧。"

真是感谢这位好客的古董商。

幸福吗？不丹人。

联合国调查中，被列为全球幸福指数最高的居民，脸上笑容不多，失业率还是高的，在山中的生活并不容易。看见一位年轻妈妈，背着已经长大的儿子，还要爬上山去，脸上的表情，是无奈的。

印 度

重访泰姬陵

《不可思议的印度》（*Incredible !ndia*），是二〇〇二年由O&M（奥美）公司的创作总监U Sunic和印度旅游局的Amitabh Kant合作的作品。他们拍出一系列的优质广告片宣传印度，得到意想不到的成果。第一年播出，前往印度的游客增加了十六个巴仙（东南亚一带的华人用语，即百分比的意思），别说不厉害。

不怕不识货，就怕货比货。印度尼西亚抄袭的《精彩的印度尼西亚》（*Wonderful Indonesia*）简直惨不忍睹，没人记得。而“Incredible !ndia”中的“India”第一个英文字母“I”改成感叹号“!”，更是神来之笔，令人过目不忘。

我已经记不得去过印度多少次了。从年轻时的背包旅行，到电影的外景拍摄，再到享受人生的旅行团，印度对于我已不新鲜。这回与几个志同道合的友人同游，又有私人飞机，就当成休息几天，欣然前往。

第一站是泰姬陵。因为有些朋友是普通签证，有些是电子签证，只能先从一个叫“Kolkata”的地方进入。“Kolkata”是哪儿？其实就是加尔各答，从前的“Calcatta”。

去泰姬陵最好直飞军用的阿格拉机场（Agra Kheria Airport），航班虽然少，也别从加尔各答或孟买进入，车程各需五六小时。相当不愉快的不是舟车劳顿，而是一路上看到的头破血流的车祸场景，或是路旁没人殓葬的尸体，影响欢乐的心情。

从小得不能再小的阿格拉机场出发，很快就到达我们入住的欧贝罗伊阿玛维拉斯阿格拉酒店（The Oberoi Amarvilas Agra）。

这家酒店我在九年前住过，整间酒店用褐色和白色大理石装饰得豪华瑰丽。经那么多年，一点也没变，这是用料好的结果。在露天咖啡座或室内餐厅的窗口，都可遥望泰姬陵，也有电动车接送，两三分钟便可抵达。

我们放下行李即去，这是我第四次来。泰姬陵不变，但吾老矣。也许不会再来。此回分两天看，一天是早上，一天是傍晚。泰姬陵大理石的颜色依时间不断变化，有时白，有时红，有时金黄。

因担心恐怖组织破坏，守卫已经相当森严，晚上也不开放。不像从前可以在月圆的夜里参观，也可以减少情侣的分散。据传说，这里到底是一个坟墓，始终不祥，月圆最美，也一定会离别。

这回时间充裕，还去了阿格拉古堡。这是撒嘉汉的皇宫，也是他被儿子囚禁的地方。这位大帝耗尽人民血汗为妻子建造了白色的坟墓后，还要替自己建一座更美更大的皇陵。儿子只好把他软禁起来。我们看到他的被金链锁着的卧室。七年之中，他只能在此天天望着泰姬陵，最终忧郁而死，令后人不禁感慨。

感叹当年建筑的神奇：墙壁地室挖空，灌入冷水，降低温度。这才叫真正会享受。

但水还是要喝的。来印度之前大家都收到警告：不可喝当地的水，就算早上漱口，也得用矿泉水。记得九年前我们的旅行团来泰姬陵时，也带了好几大箱的依云矿泉水（Evian），但住的酒店都很干净，根本不必担心，结果都送给了当地儿童。这回我照喝酒店供应的水。嫌味淡，把自己研发的玫瑰罗汉果茶包塞进去冷泡，微甜中带有一股清香的花味，有意想不到的效果。

住了两个晚上，第三天飞斋普尔（Jaipur）。安缦酒店的管家已来机场迎接，我叫他先带我们去看“风之宫”。整个斋普尔城是粉红色的。当年的土皇帝最爱这种颜色，在一七九九年建了一座五层楼高，又有九百五十三个小窗口，类似蜂巢的粉红色大屏风。

传说这些窗口造来给妃嫔们望出去，而不让平民看到他老婆们的样貌。但是这并非主要目的，整座建筑是用来挡风的。风没有其他地方穿越，就从这些窗口穿进去，变成强烈的气流吹进后面的皇宫里，故有“风之宫”之称。在没有冷气的当年，这都是

设计家为当权者想出来的玩意。“风之宫”用红色和粉红色的砂岩砌成，在朝阳和晚霞的金色光芒照耀下，蔚为壮观。

中午我们去了伦巴宫殿酒店（Rambagh Palace Hotel）吃午餐。这家由土皇帝宫殿改装的酒店，和其他同类比较，算是简陋了，但还不失当年的气派。尤其是餐厅，装修得豪华无比。我们这一餐，是在整个印度行程中最好的。

吃些什么？到了印度，当然是吃咖喱。这也只是一个统称，干的叫“马色拉”（Masala），湿的就叫咖喱了。而香料，基本上也是防腐剂。印度天气热，平民们一天只能做一餐，食物很容易变坏，这些防腐剂在没有冰箱的日子中，就是救星。

香料包括了辣椒、姜、南姜、丁香、肉桂、茴香、肉豆蔻、黑胡椒等。把油烧热了，放进切碎的洋葱，再把这些舂碎的香料加入，炒香了，加肉和蔬菜，就煮成“马色拉”或咖喱。一般最后加水。在东南亚，像马来西亚或泰国，用椰浆代替水，味道就更香了。

孟加拉虎

从斋普尔到我们将下榻的安缦酒店（Aman-i-Khas），管家说要三个小时。我一向不相信当地人说的时间，心中估算要是四个小时能抵达就好，后来发现竟然走了近五个小时。

为什么要去这家酒店？要去看孟加拉虎（Bengal Tiger）呀！当今在伦腾波尔（Ranthambore）国家公园里，还有几百头野生老虎，受到政府保护，才能生存下来。

山路崎岖，弯弯曲曲，车子摇晃得厉害。一路上我们看到很多辆大卡车，被加装了一排排的座椅。每辆可以坐三十人左右。安缦酒店的管家说，我们明天会改乘这种车进入森林看老虎。

终于到达酒店，是在森林中搭了十三个帐篷，十个给住客，一个是餐厅，一个是图书馆兼小卖店，一个给经理。那十个给住客的大小一模一样，有十二英尺乘十二英尺大，里面一切设备应有尽有，相当舒适。但比起其他安缦酒店，这一家算是最简陋的了。

晚餐在帐篷餐厅内胡乱吃了一餐，第二天大伙摩拳擦掌去看老虎。

老虎我看得多，从前来印度拍《猩猩王》时整天与老虎为伍。当地的儿童也围过来看。我问驯兽师：“老虎喜欢小孩子吗？”

“喜欢。”他点头，跟着说，“当食物。”

后来又去泰国拍李翰祥导演的《武松》。本来那只老虎很听话，但要拍的时候张牙舞爪要吃人，原来是怀了孕。戏差点拍不成。

大家出发了，我留在酒店好好休息。虽然有游泳池，但也没兴趣，在帐篷外晒太阳、看书、上网，在森林中散步到酒店的菜园。这里种了不少时蔬，供应我们餐饮。偶尔，有孔雀从头上飞过。这里养了很多只，但都不听话，不开屏。

时间过得很快，大家回来了，兴奋地说看到了老虎，还有花豹呢。

晚上我们在树林中野餐。酒店开了一个大派对，炉中烧着烤肉串和面包。印度人是不吃牛肉和猪肉的，只有鸡和羊肉。我不喜欢吃鸡，只对羊有兴趣，但都烧得没什么味道，只有靠香料来提升。

住了三个晚上，有点单调，接着又乘四至五小时的车到另一家安缦（Amanbagh）。

一路上，两旁的山石奇形怪状。树也弯曲，长出红色的花。

问导游这是什么花，他回答是“树林中的火焰”（Flame of Forest）。花朵有红棉那么大，延绵不绝。而风景也愈来愈怪，有点像到了另一个星球，前面的路好像是没有尽头。我们都笑着说，这就是安缦的特征了，永远是开在“不毛之地”（Middle of Nowhere）。

终于转进一条小路，前面就是“Amanbagh”了。这家由从前土皇帝狩猎的行宫改建的酒店，有世外桃源的感觉。巨大的泳池，一间间皇宫式的建筑。走进了住处，分左右两座，左边的是卧室和客厅，右边的是浴室和卫生间，各两套。男女不必争着用，也是安缦的特点。

打开落地窗，后院有私家游泳池和花园。服务员说窗、门要关紧，否则猴子会走进来和你共浴。

日间活动有参观古庙和废墟。老虎已看过，可以不再去。另有料理教室，大厨带你走到他们的私家菜园，选自己喜欢的蔬菜，然后带你去一间土屋。

土屋里面有绳织的床，我看了很亲切。小时候有位印度司机，空手来我们车库后即刻拿了木头搭架，再用粗绳织成床，再生个火当厨房，就那么生活起来。我常到他那里去玩，睡过他的绳床，非常舒服。现在躺在这张绳床上回忆起来。

土屋有小厨房兼餐厅。师傅教女士们煮了几个菜，我只是旁观。最后用他们的米饭加鸡蛋炒了一碟饭，大家久未尝中国菜，吃得津津有味。

可以讲讲我们这次印度之旅吃的是些什么。从早餐说起，我最喜欢的是“Dosa”，这是在大平底铁片上倒了面浆，煎出大型的圆饼，每块直径有二至三英尺，里面可以加薯仔或洋葱，最后卷起来吃。

在马来西亚也可以吃到没有馅的“Dosa”，煎得更大，直径有三英尺，淋上炼乳当甜品。这次在印度还吃到迷你型的，用圆底的锅煎出来，把饼当成碗，上面再打一个鸡蛋。我打了两个，蛋黄像眼睛一样望着你，名叫“Appam”。

另有一种用碎米做的蒸饼叫“Putu”，蘸椰浆吃特别香。煎炸的“Vada”，像洋人的甜圈，不是太好吃。

数不尽的咖喱和“马色拉”，吃多了显然单调。我近年来食量已小，而且很多花样都试过，变成人们所说的“主食控”，只要有白米饭就满足。印度餐中，永远吃不厌的是他们的“印度香饭”（Biryani）了，有鸡肉有羊肉，我只选羊肉。

其做法是先将羊肉加香料炖得软熟，混入印度长条香米（Basmanti），放进一个陶钵中，然后用面包封着钵口，再放进烤炉中焗出来。吃时把面包揭开，掏出香喷喷的饭来。有此一味，满足矣。

至于饮品，印度的名牌啤酒是“翠鸟牌”（Kingfisher）。但早餐也不能一直喝酒。最喜欢的是他们的“拉西”（Lassi），那是一种酸乳，可以喝甜的或咸的，也可加入玫瑰糖浆，混成粉红色的饮品。或者，辣的东西吃多了，要用木瓜来中和。印度木瓜当然比不上夏威夷的，就那么吃味道普通，打成浆混进“拉西”中，极佳。

印度也是一个喝茶的国家，其最有特色的茶是“马色拉茶”（Masala Tea），混入各种香料和姜汁，最特别了。

第三章

大洋洲

花香酒醺

澳大利亚

诅 咒

在澳洲的郊外，时常看到一片紫色的大地。一望无际的紫色，原来全是野花。太美了！

我走过去拍几张照片。顺便采一朵花，插在襟上。

回到旅游车，司机一看，说这是讨人厌的野草，叫“彼德森诅咒”。“这种东西一生了就杀不了，长得很快，其他花草都被它遮盖。”司机说，“要除也除不了，下多少化学药剂也没用。”

“所以就叫诅咒？”我问，“这个‘彼德森’又是什么人呢？”

司机回答不出，说要查过才知道。过了几天，再问他，还是没有答案。

原来彼德森是一个英国年轻诗人，流浪到澳洲，在乡村住下。为了生活，他和当地农民一同耕田养羊，但是他还是念念不忘地想写诗。

农村有一个很漂亮的少女，人见人爱，但大家不够胆和她亲近，说她是女巫化身，因为有人看到她流的血是紫色的。只有彼德森爱上了她。

他把诗寄给墨尔本的出版商，但每次都被退回来。

少女偷偷地把他的诗稿从信封中抽出来，用自己的血把稿纸染成紫色之后再寄出去。

编辑觉得与众不同，先抢来看，一读之下，发现不错。彼德森的诗集被采纳出版了。他不断地写，诗集出了一本又一本。

少女的血已逐渐稀薄，他才发现这个秘密。

彼德森不再眷恋名与利。他把少女抱在怀里，诅咒只看重包装的世人，诅咒以为怀才不遇的自己。

他也自杀了，和少女死在了一起，鲜血将大地染成紫色。

当然，“彼德森诅咒”的来源不是这样的，那是我自己胡说八道的。知道的读者告诉我真正的故事吧。

吐 酒 功

旁人看到我们参加什么试酒会,红酒白酒乱喝一通,羡慕得很。其实,试酒是一件苦差事。

问题出在好酒总让你最后才试，先要喝很多又酸又涩的，才轮到一口顺喉的。到南澳的巴罗萨（Barossa） 谷去，那里酒厂林立，大大小小，试个不尽。走到柜前，他们让你试的，绝对不能进口。为什么不拿好酒出来？贵嘛。

但是，到一家厂去，喝最糟糕的酒，算是什么宣传？试来干什么？为什么不能把最好的一瓶酒拿出来，分杯来卖？我相信再贵，也有人肯买。老远赶来，干吗要喝劣酒？而且，一瓶酒分杯来卖，赚得更多，但是澳洲人从不会那么去想。

要试酒的话，就要去为专家而设的试酒会，至少到最后有一两瓶值得一喝。

这一点，法国人比较大方，也许是他们的佳酿产量多，又生性不太吝啬的缘故。我们在波尔多区试酒，连最差的那瓶都觉不错。

不过这次到南澳洲阿得莱德的奔富酒庄（Penfolds Winery）总厂，让我们喝的倒是最好的“葛兰许”（Grange）不同年份的系列。

最差的是叫“葛兰许之子”（Baby Grange）的“Bin 389”，是用装过“葛兰许”的酒桶，加入新的“389”，所以有“子”的称呼出现。还有他们的“707”，听说也快要炒到一千二百元港币一瓶了。

喝“葛兰许之子”和“707”的时候，亦不吞进喉，在口中漱了一漱，就吐到银桶之中。

这个吐酒方法很考究，吐得不好，整件白衬衫会被染成紫色。正统方式是要将酒直线地吐出来。

要扮专家，并不难。每天刷牙的时候，练习把嘴唇卷成一个小洞，大力喷水就是。对准漏水孔下苦功，一天两次，一个月下来，又准又狠。

阿得莱德

在澳洲住过一长段时期，但是南澳的阿得莱德（Adelaide），还是第一次去。

这次是得到当地政府邀请，参加他们的美食节。

这是一个活生生的派对，不限于在一个大展览厅，而是让大家到处吃、到处喝。有个不停的野餐，三天三夜。在酿酒区的湖泊、山丘、旷野，坐在草地上和当地朋友聊天作乐。

还有交响乐队伴奏。喝到醉醺醺便躺下来睡觉，天气又不冷不热，一乐也。

喝获选“天下佳酿”首位的奔富酒庄得奖的“葛兰许”，喝厌了，每天来数瓶上等的有气红酒“气泡色拉子”（Spraking Shiraz），其他什么事都不想做了。

阿得莱德的确是个好地方。我说的澳洲指的是南澳。这儿的人是比较有教养的，对外国人能有一份尊重。

墨尔本大家都熟悉，阿得莱德比墨尔本更平静、安详，天气更好，吃的也讲究。这里中国人不多，六万人左右。虽然有些人会嫌闷，但是地狱是你自己挖出来的，天堂也能自己创造。

我对阿得莱德的印象不错。在街上遇到的澳洲人不会来干扰你，一旦和他们交谈，你便会发现他们很友善。到底，最早来这省份的，是英国的移民，而到澳洲其他地方的，是监犯。这说法有没有根据，我不知道，但是感觉是舒服的。

到书店，更能找到大量的有声书。这是香港没有的，物质食粮和精神食粮俱全。

阿得莱德，要住下去，也是可以考虑的。

巧克力梦难圆

不知道为什么香港人要把巧克力翻译成“朱古力”。大概是由那位称“Argyle Street”为“亚皆老街”的先生取的名字吧？

这次到南澳洲阿得莱德，参观了当地著名的工厂，才发现要开亦舒小说、朗·戴尔童话中出现的巧克力工厂，并不难。只要把可可豆磨成粉，加糖，就成了。

牛奶是依各人的口味添进去的：有些人爱巧克力的苦涩，对牛奶很抗拒；有些人认为没有牛奶就吃不下去。加果仁、葡萄干、酒，都是喜恶的问题，任君选择。

精髓在巧克力粉，磨得越幼细（即细腻），口感越滑。看你肯不肯下功夫将其变成艺术品，或者大量生产为甜的“麦当劳”，亦是任君选择。

在巧克力上画画，倒要有一点技巧。趁它未干时，拿一根像盖邮票的铁条，蘸少许巧克力酱，再做花纹。熟能生巧，也很容易学会。

工厂离阿得莱德市中心五分钟左右的车程，每天下午两点半便开一个旅游团，让人去参观和试食。考虑到大家吃得太甜，有免费茶水和咖啡供应。

知道了过程，你自己要动手制巧克力也有把握。投资一家小家庭工厂，也即刻能开业。

问题是发行，怎么把产品卖出去？如何广告推销？这都是资本主义社会的游戏规则。想做得更成功，也要靠运气。忽然可可豆歉收，价钱大涨，怎么办？办法全由经验得来，看是从加拿大买，还是从印度尼西亚进口。从几个国家买，混合来用，较为安全。

总之，任何行业起步易，守业难。这家工厂从一九一五年经营到现在，有它一定的信用。

开巧克力厂是一生一世的终生职业，如不肯缠身于此，买来吃好了，简单得多。但是拥有一家巧克力厂的梦，倒是要时常做的。

动 物 国

澳洲人时常在保护动物和杀戮动物之间，自相矛盾。

前些时候，他们要杀袋鼠岛上数量过多的五千只树熊（即树袋熊，又称考拉），被全国人民骂得半死，结果不了了之。

最近又有“蛇王”集合起来，抗议杀蛇。蛇是受他们国家保护的动物，大大小小，不管是什么蛇，都不能杀。所以在南澳洲的中国餐厅，绝对没有蛇羹这道菜。

只有在受到蛇攻击的时候，人才可以名正言顺地以牙还牙。或者是当蛇生病或受了重伤时，才能下手。

如果抓到一条蛇，你有义务在四十八小时之内把它带到森林中放生。若不遵守，会被判监或罚款。

在迫不得已的情形之下杀之，那得写一份详细的报告，解释为什么要那么做。

澳洲和北半球的季节相反，现在是进入夏天的时候，却也是群蛇最活跃的时候。野生和放生的蛇在树林中愈来愈多，不知什么时候结队出来咬人，大家都在担心。

之前有位生物学家，从森林中救获了一群濒临绝种的鸟。正在替它们调理，准备放生的时候，他的邻居把他告上法庭，结果鸟被充公。

等到生物学家申请了“准许抚养证”，把鸟从“渔农处”拿回来时，已经死了一只，有一只断了脚，其他活的也不是他收留过的那几只。一定是“渔农处”把鸟养死了，临时抓来几只充数的。

还有对于袋鼠和树熊，杀也不行，不杀又太多。它们是可爱，但是它们蠢得要死。

根据生物学家的调查，澳洲的动物之中，豺狼和果子狸算是很会动脑筋的。树熊最笨，又整天只会吃有麻醉性的尤加利（桉树）叶子，吃完昏昏欲睡，有时还会睡得从树上掉下来。袋鼠智商也不高，和羊差不了多少。

澳洲最有智慧的动物，是乌鸦。它会反哺，拿东西回来孝敬父母，有时比人还聪明。

蛇咬人

坐旅游巴士到酿酒区的时候，司机问我：“昨晚睡得好吗？”

“赶稿，没睡着。”

“写些什么？”他问。

“写你们澳洲的蛇。”我说。

谈起蛇，这家伙可起劲：“我有一个朋友被澳洲最毒的毒蛇咬到手，眼看着马上肿了起来，手上肉一块块地融掉！”

“哇，那么厉害？”我惊叫。

“一点也不夸张。”他说，“澳洲的医术还没那么发达，治不了，最后把他送去伦敦才医好。好在捡回了一条命。”

澳洲人一般对英国还是尊敬的。他们由殖民地独立之后，并没有自卑感，整天觉得伦敦是他们的老家，什么都是英国的最好。像奔富酒厂的介绍中，也很自豪地说其创始人 Dr. Penfolds（奔富博士）是由英国移民来的。

话题又转回到毒蛇。

“杀一条蛇，也要写报告，不然就犯大罪。这个政府，管的只是闲事……”司机说。

“澳洲有很多毒蛇吗？”我问。

“哼！”这一问，他火可大了，“我们这里有五种毒蛇，都是世界上最毒的！”

“那不是常咬死人？”

“不。”他说，“蛇是没有耳朵的，它们听不到声音，只靠地面震动来感觉。而且它们的感觉很灵敏，感觉到人类的脚步，马上就逃走了。它们怕人，多过人怕它们。”

听他一讲，不觉反应过来：是呀，看有关蛇的照片或纪录片，从来没有看见蛇有耳朵。

“而且，”司机说，“澳洲毒蛇，特点是它们的牙齿很短，连牛仔裤也咬不穿，所以咬死人的案例并不多。”

菜

这几日每天喝红酒、吃西餐，真的有点怕了。

每餐都是丰富到极点，至少有七八道菜，加上餐前和饭后的甜品芝士，吃完更是饱得不能动弹 。

愈来愈想念中国菜。

才吃了几天就喊吃厌，在外国怎么生活？

这并非适不适应的问题，而是西餐的毛病的确很大。

首先，西餐厅的服务很慢。当然嘛，如果催侍者的话，他们会说："这是餐厅呀！要想快，到麦当劳去吧！"

外国人上餐厅吃饭是件大事，要慢慢地享受服务。

所以坐了下来，肚子有点饿，等不及菜上来，看到桌上的面包就手痒，抓来就吃。

"我们叫了很多道菜，忍一忍吧，不然填饱了肚子，等下又会吃不完了。"不管我怎么苦口婆心地劝说，同伴们死都不肯听，一定要把那一大块一大块的面包吞下，而且还要命地涂上牛油。主菜来了，大家只有眼睁睁地看着我吃。

另外，西餐的主食，以肉类居多。这几天吃下来，消化系统起了变化，完全不像从前那般运作，相当恼人。

虽然每餐都叫沙律，但是那几种单调的生蔬菜不经过烹调，就算加了各种酱，我们吃起来也不觉得是在吃菜。

好了，终于有个机会吃一顿中餐，同伴们都拍掌称好，吩咐我说："多叫一点蔬菜！大碟的也不要紧。"

问侍者有什么，他回答："菜心和芥蓝。"

"有没有豆芽？"

"有。"他说。

结果每样都来一碟，全是清炒，不加肉类等配料。

上桌时有三大堆，大家吃得干干净净，最后把菜汁都倒进白米饭中拌着吃，一滴也不剩。

悉尼渔市

悉尼没有大的菜市场，至少没有像墨尔本维多利亚菜市那样的地方，但它的海鲜中心（渔市），也是在墨尔本找不到的。

要去海鲜中心，问当地人或酒店服务部，就会告诉你在什么地方。

大家都会去，但是鲜有人知道市场楼上有间料理学校。那里教的都是短期课程，表格上有多种菜式任你选择，都由著名的大师傅讲课。课余大家交换意见，亦师亦友，气氛非常融洽。

我们借学校的课堂拍摄旅游节目，烧菜道具应有尽有。四位女嘉宾每人烧一道菜，在楼下的海鲜市场买了材料，准备做豉汁蒸鲑鱼、干爆虾球、炒螃蟹和蒜蓉焗生蚝。做好的菜，试吃了一下，果然很好吃。这也与材料新鲜有关系。

渔市占地很广，分一座大的和几座小的，还有一个拍卖部。拍卖部里用两块大电子板列出海鲜的重量、产地来源、价格等若干项。电子板中间是个像钟一样的大圆圈，有一盏灯团团乱转，转一圈是三秒，每转完一圈减价一块。比如一箱比目鱼为二十块澳币，一圈之

后没人买，就变成十九块，十八块，十七块，等等，一直降下去。

“那不是等到最后买，才最划算？”有位港姐问我。我笑嘻嘻地说：“你等，别人买。”

“这块电子板怎么和在阿姆斯特丹拍卖花市上看到的一模一样？”当地主管解释：“你说得没错，这个拍卖制度叫荷兰制度。”

拍卖之前，鱼商可以巡视货物。我们看到很多奇形怪状的鱼，比如黄花鱼，有四英尺长，几十公斤重，却是澳洲海域中的变种。

到悉尼来，这里值得一游。

猎人谷修道院酒店

去悉尼，免不了去酒乡——猎人谷（Hunter Valley）转一圈。试完各小酒厂的佳酿之后，下榻之地有很多选择，其中一家较有特色的，由修道院改建的，叫“猎人谷修道院酒店”（The Convent Hunter Valley Hotel）。

这家酒店古色古香，始筑于一九〇九年，当时是给从爱尔兰来的修女们住的。

现在大教堂被改成了餐厅，楼上一共有十七间房。我们住最大的那两间套房，一间是蓝色为主，一间是红色为主，都挂蚊帐。春末，没有蚊子，就当成一个浪漫的装饰品吧。

阳台，真的足足可以摆十张麻将桌那么大。在古修道院中想起打麻将，真是罪过，但总比在蚊帐中做别的事好一点。

据说，第八号房间有鬼，晚上家具会动来动去。但是如果一对情侣来到这里，半夜发生什么事，又怎会在乎？

客人一入住，酒店先供应一杯法国香槟。早晚餐全包，还提供免费的按摩服务，最后送你和你的女朋友一人一套丝制的睡衣。

到了傍晚，在客厅有红白餐酒任饮，另外有一些小食。坐在火炉旁看书或听音乐，那种宁静和安详，是别的地方少有的。

走出花园，有个小游泳池和网球场。

最特别的是那间玻璃小屋，像一座温室。走近一看，原来是个大浴池。屋顶也有玻璃窗，客人可一边入浴一边看星星。不知道当年作为修道院时有没有这个设备，如果是修女们留下来的话，她们可真会享受。

在澳洲有很多这种小型旅馆，路旁设一招牌。有时间的话，每一家都停下来看看，就会找到像猎人谷修道院酒店这样让人印象深刻的地方。

酒店的消费总是以双人算，每晚两千元港币左右，还包早晚餐，并不是一个惊人的价钱。可以订直升机，由悉尼直飞，一小时内抵达。

色 拉 子

来到澳洲，最大的享受是喝有气红酒和吃含有水果的奶酪。这两种东西是澳洲的特色。欧洲国家的人骄傲，不肯乱改传统，澳洲历史浅，这试那试，被他们创出这两个新品种。不尝尝的话，枉来了一趟。

水果奶酪就像奶酪蛋糕，很甜很香。各个牌子做得都很有水平，见到就买，没错。

有气红酒可有点讲究，供应当今数据：

“洛克福黑色色拉子气泡酒”（Rockfort Black Shiraz），可以说是最好的了。当地人把这瓶有气红酒当作神话，产量很少，摆在木桶中三年才装瓶，发酵后产生气体，再摆一年才推出来。每瓶在店里卖五十三块澳币，到了餐厅，价格翻倍。

“哈代 · 詹姆士先生色拉子气泡酒”（Hardys Sir James Sparkling Shiraz），已很不错，卖二十七块澳币。

“仙狐湾色拉子气泡酒”（Fox Creek Vixen）最便宜，二十三块澳币罢了。

也有其他葡萄种类做的有气红酒，但是最好的还是“色拉子”（Shiraz）。“澳洲色拉子气泡酒”（Sparkling Shiraz）是有气红酒的总称。到店用这个名字问，伙计会找给你。

有气红酒的做法和香槟一样，但千万别叫其“香槟”，只有法国的香槟区才有资格用这个名称，澳洲人的只能叫为“Sparkling Wine”（气泡酒）。不过你说“ Sparkling Wine”的话，店里的人会把澳洲香槟卖给你，就不对劲了。一定要叫为 “Sparkling Shiraz” 才是有气红酒。

澳洲葡萄之中，也只有色拉子葡萄种得最出色。而澳洲红酒让人喝得最过瘾的是“奔富葛兰许干红葡萄酒”（Penfolds Grange），也是用色拉子葡萄酿的。

一瓶一九五一年的“葛兰许”（Grange）要卖到二千七百美元。当今在店可以买到的是一九九七年的货，合三百到三百五十澳元。

色拉子酒的出口量每年剧增，澳洲人以为好味（即味道好的意思）。大家都种色拉子去，但是不够成熟又太年轻的色拉子葡萄也酿不出好酒，去年有四万吨的葡萄挂在树上，白白浪费掉。这点澳洲人是不提的。

飞往墨尔本

从香港飞往墨尔本，是个愉快的旅程。晚上十点五十分起飞，第二天上午十点抵达，十个小时罢了，刚好睡一觉。

先到唐人街去吃点东西。我一向不喜欢各国的唐人街，认为到了异乡，应该多看看当地的特色，为什么要往华人的地方挤去？但是对于墨尔本，就没这种抗拒。我对这个城市很熟悉，而唐人街是友人聚集处，就像去了香港的九龙城。

三月中的澳洲是秋天，它在南半球，我们开始热时，那边已凉了。

气温在二十四摄氏度左右，是人体感觉最舒适的温度。虽然空气有点干燥，但是很清洁，污染还没有来到这个城市。路上很多名厂汽车，夹杂着古董车。只有在干燥的地方古董车才不会坏。香港气候潮湿，汽车很容易烂掉。

经过公园，即刻停下，从后备厢中拿出一张被单，铺好后躺下，睡它一个半小时的午觉。

查先生的大屋在高级住宅区——图拉克（Toorak），离我从

前住的打令街（Darling Street）不远，所以我对附近一带不感陌生。我知道街市在什么地方，打算第二天一早去买菜。

查先生的大屋占地数亩，花园中有几棵大树。记得查先生说过：“要买屋子，先看看有没有树，有树才有文化。”屋子是数十年前盖的，买下来后扩建，多建了个大厅和几间客房，后花园种着查先生喜欢的玫瑰和查太太爱的薰衣草。

大屋旁边另有间“小屋”，是园丁一家的住所。虽说是“小屋”，但在香港，已是有钱人家住的那么大。

聊天之余，发现园丁曾在大学研究澳洲植物。他说：“当年，住在这一区的人向往英国，种的都是英国花草，只有这一家人坚持种澳洲的植物。从前被认为老土，现在已变成最有特色的一家，所以我才来这里打工的。”

猴子的疑惑

“查先生在墨尔本的房子，到底有多大？”我问园丁格兰。

“一又四分之一英亩。”他回答。

“一英亩有多少平方呎（即英尺）？”我问。他忘记了，我在小学学过，也忘记了。

问查先生，他说：“一万多平方呎。”

为了准确一点，查先生找出一本厚厚的字典。一查，原来一英亩是四万三千五百六十平方英尺，加上四分之一平方英亩，一共是五万四千四百五十平方英尺。

从前农夫种地，也以亩计算。那么，一英亩又是中国的多少亩呢？

“等于七华亩半。”查先生说。

至于屋子，一万多平方英尺。两层，共三万平方英尺左右。旁边园丁住的“小屋”，四千多平方英尺。

我问园丁到底喜欢不喜欢这个工作。“我是一个平凡的人。”他说，“平静的生活很适合我。”

花园中央有棵大树，长满粉红色的小果实。这是澳洲独有的树，洋名叫“Lily Pilly”（番樱桃）。

“果实可以吃吗？”我问。

他摘下一颗樱桃般大的果实给我：“试试看。”

我吃了一口，味道和口感像中国台湾的莲雾，但没那么甜。

“有一阵子，晚上飞来一大群蝙蝠，把整棵树上的果子都吃光了。”格兰说，“这些蝙蝠是外地飞来的。农民大量伐树，蝙蝠没东西吃，只有来城市找了。也不怪它们。”

屋后另外有个更大的花园，种满薰衣草和玫瑰。但园中最奇怪的一棵树，树干弯弯曲曲，叶子似松又不是松，风一吹，树枝手舞足蹈。这棵树的洋名叫“Monkey's Puzzle”（猴子的疑惑）。大概是猴子看了也挠头，不知道是什么。故以此名之。

一 家 花

从香港到墨尔本，本来想带些吃的来当礼物，比如蒸熟了的金华火腿薄片之类的。可惜澳洲食物进口的法律条例严苛，只好空手而来。

住在查先生家。第二天清晨五点钟起床，去富茨克雷（Footscray）的批发花市买花。

好家伙，百花齐全，名副其实地看得眼花缭乱！选些什么，变成了难题。

想起从前住打令街时公寓的布置，决定按相同颜色系列来购买，即一次买齐红色或白色或蓝色的花，不掺杂别的颜色，完全统一，就会好看。

正是向日葵盛开的季节，就选黄色系列吧！

开花店的老板娘法兰西丝陪着我，找了一辆载货的推车。我们买完了花就放在上面。

有黄色的玫瑰、康乃馨、郁金香、百合等，一扎七八枝，每扎卖一块至四块澳币不等。一买就是十扎，绝不手软。那么便宜，还舍不得的话，天不饶人。

咦，怎么有桔梗花，也是黄色的？想不到可以当成药材的东西，还那么美，即刻买下。

法兰西丝是位东方美人，像蜜蜂似的到处杀价。卖花大汉都和她很熟，被她呼呼喝喝，指定送货，搞得团团乱转。

另外看到一位中国来的女子。据卖花者说，她一味爱花，起初什么都不懂，把钱投资在一间很小的花店，从头做起，现在也变成了专家。不过大汉们喜欢法兰西丝多过这位中国女子。

回到家，开始撕叶剪枝，但是找不到那么多的花瓶。怎么办？只有把从花市带回来的塑料桶用黄纸包扎，就变成了漂亮的花缸，来衬托向日葵，也很管用。

唯一的缺点是查府太大，就算买了整家花店的花，这里摆几束，那里放一大把，分散了也不够看，真有点懊恼。

休 息

吃过晚饭后倒头就睡。第二天一早到周围散步，愈走愈远，干脆去“Praharn”（普拉哈恩）街市。

忘记了今天是星期三，“Praharn”街市不开。维多利亚街市星期三也不营业，真有点懊恼。如果你做卖菜的生意，最好来墨尔本，一个星期只做四天工，其他时间可逍遥。

见有水果店，走进去看，黄绿色的无核葡萄苏丹娜（Sultana）正当季。现在为澳洲的秋天，正值葡萄收获，又便宜又好吃。无花果也诱人。另外买了两个哈密瓜和两个木瓜。见有西瓜，也买了一个大的，七公斤重。

不能提着走回查先生家了。水果店老板很亲切地帮我叫了一辆出租车，他说：“你别看街上有空车，多数是去接客的。在这儿，打电话叫车比等车快。”

不到三分钟，车子就来了。水果店老板坚持帮我把水果搬上车。

香港人就没这种服务，城市太大，人与人之间的隔膜就产生了。

回来后才吃早餐。在水果店中看到了大蘑菇，顺手买了几个，碟子般大，用橄榄油煎好，拿刀叉，像吃牛扒般切来吃，又香又甜。这顿早餐，健康得很。

吃完早餐后去逛书店。来到澳洲，有几样最好的东西不能错过，书店是其一，又大又多。有声书的种类更是不少，价钱比美国、加拿大的便宜。

另一样享受是品尝这里的芝士。因为没有欧洲的传统包袱，可以随便来，澳洲芝士中加了蒜头、花、香料、樱桃、橙、杏等。吃这里的芝士，像吃菜，也像在吃甜品。

晚上一起吃饭时，叫了两杯有气红酒。这种酒冰冻后最容易下喉，由色拉子葡萄酿制而成，酒质上乘。喝得过瘾。

这几天，吃完东西后，看书、睡觉，早上写稿。前段时间无休止的奔波之苦，完全在这几天的休息中补偿了回来。

万 寿 宫

来到墨尔本，必去“万寿宫”吃饭。

老板刘先生问：“要些什么？”我回答：“你怎么安排都行。”对他，我有百分之百的信心。

“有一尾老鼠斑（驼背鲈），两公斤左右。其实也不是什么真正的老鼠斑，样子像罢了。”他问，“要怎么做？”

“你说呢？”我反问。

“鱼大了一点。”他说，“一半蒸，一半炒球吧。”

“不如整条蒸了。”我对炒球兴趣不大。刘先生点头走开。

我奇怪他为什么不坚持，因为他每次出的主意，都有他的道理。

一桌八九个人，都是查先生的亲戚朋友，长居当地。各位先吃了些乳猪、乳鸽，一人一片。刘先生计算得准确，不会让客人一下子填饱了肚子，吃不下其他菜。

回头，刘先生说：“厨房那群师傅都想见见你。”

我欣然和他走进去，向各位打招呼。

刘先生对我说："鱼太大，上面蒸了一定没问题，下面可能没那么理想。"

"那就一半蒸一半炒球吧。"我说。

鱼上桌，上边蒸得刚刚好，肉不粘骨，是完美的蒸法。下半边炒球，吃得人人高兴。住在澳洲的人喜欢炒的比蒸的多。

原来刘先生非但决定得对，还要在其他人面前顺我的意，设想得周到。

刘先生已把股份卖给了伙计，过些时候就要退休了。"万寿宫"没有了他，会不会像从前那么好呢？这是大家的疑问。

经理把一杯浓得像墨汁的普洱送过来，我这个客人的老习惯他记得一清二楚。经刘先生训练过，"万寿宫"的水平不会差到哪儿去的。

鸡饭酱油

在查先生家住着，不出门，每天烧菜、吃饭、睡觉，一下子也过了好几日，后天就要返港。

“多住一些日子。”澳洲朋友都相劝，“干脆别回去了。”

我笑笑。家在香港，总得走。

在墨尔本最大的乐趣莫过于去菜市场。维多利亚街市的一位卖菜的太太和我已经交为老朋友。每次来，我必去探望。她大包小包地送给我很多水果，我又买了一些蔬菜回来烧。

这众多东方蔬菜，澳洲本地人是不吃的，是后来中国和越南农民来这里种的。大概是土壤的关系，种出来的形状不是很像，味道也差了一点，但是马来西亚华人大叫好吃。因为南洋热，蔬菜都不甜，有了肥大的澳洲芥蓝，他们已很满意。

白菜倒是像模像样的，萝卜也不差，胡萝卜更美味。当然啦，胡萝卜本来就是外国种嘛，要不然怎会有个“胡”字。青萝卜没见到，青红萝卜汤是做不成了。

这里的牛腩好，可煮清汤牛腩。把崩沙腩（又叫爽腩，是牛肚皮的腩位，面积很小）和坑腩（指牛胸前八支骨的腩肉，常用腩位，面积最大）斩件，加大量白萝卜进去，煲它一个小时即成。上桌前加中国的芹菜段。

如果要刺激一点，可加点四川榨菜进去，就和普通的清汤牛腩味道不同了。不喜欢吃辣，可加台湾做的榨菜，又甜又爽口，但价钱要贵得多。

查太太的弟媳想在家做海南鸡饭，问我到底什么样叫正宗。我说首先酱油要浓，最好买在新加坡华人中的海南人酿的，找不到的话可买印度尼西亚华人做的黑酱油。

最后大家去维多利亚越南城，在一家大型的百货公司找到来自马来西亚的，我从前吃过，觉得不错。牌子叫“祥珍”，画有一只大象，有一行“顶靓生晒油”的字句。这个“靓”字，大概表明是马来西亚华人中的广东人做的吧。

倪匡兄来澳

前些时候，好友一起聚餐。

“我们在墨尔本的家，你还没来过。”查先生向倪匡兄说。

“我连澳洲也没去过，最懒得坐飞机了。”倪匡兄说。

“你不喜欢出门，倪太太可爱旅行了。为了她，你也应该出来走走。”我这招一出，倪匡兄是抵挡不了的。

他望了倪太太一眼：“好，好，去就去。”

大家高兴了一下。倪匡兄接着提出：“我有一个条件。”

“什么条件？”众人问。

“澳洲羊那么多，我要烤一只来吃。就在你们的花园烤好了。”他说。

“行，行，一定做到。”查太太拍胸口保证。

就那么说好，查先生和查太太回墨尔本一个月过春节。我们等到他们要返港的五天前去，汇合一块回来。

时间到了，我陪着倪匡兄嫂两位，乘“国泰”的直航机飞墨尔本。夜航，一早到。

我一向坐上飞机即能入眠，可是这一晚不安宁，看了两部电影，好几本杂志，又听了有声书。

黎明，蒙头大睡一夜的倪匡兄起身，和倪太太一起从窗口看日出。整个天空是红色的，还看到地球的曲线，真的漂亮。

一大早，查太太和她弟弟来接机。一路呼吸着清凉的空气，倪匡兄对澳洲印象大好。

道路两旁都是大树和南半球的灌木。倪匡兄没有看过，我一一道出树名。那是从维多利亚菜市场卖菜的那位太太送给我的书中得到的数据。

到了查府，倪匡兄惊叹：“树那么多，那么大！”

习惯迟起的查先生也穿好衣服欢迎：“我就是看到这些树，才买这间屋子的。”

花园中的树，还有一棵很古怪的。我解释：“那叫猴子的迷惑。”从远处望去，样子有点像倪匡兄。

拐　杖

查太太和她的弟弟安排了一些行程，想带我们到各地看看，如去酒庄试酒，到海边看企鹅，上山骑马，等等。

“都作罢。”倪匡兄说，“好友见面，坐在客厅聊天，已很高兴。”

所以什么地方都不用去了。

那也不行呀，来到澳洲，一点印象也没有。

我建议：“不如去市中心逛逛，到菜市场买菜。”

“这还可以接受，”倪匡兄说，“但主要是来吃羊肉的。”

我们在查府花园散步，看各式各样玫瑰花。

虽说墨尔本当今是夏天，但早上还是冷的，壁炉中生了火。查先生和倪匡兄聊天，他们把《隋唐演义》中的人物和他们的亲友、家仆的名字都一一记得，如数家珍。

当今，查先生要找到像倪匡兄这样的好友，也真不容易。

我没有这个本事，回房冲一个凉，洗漱后准备去吃午饭。

到赌场的一个中国餐厅饮茶，点心水平和香港的一样高，食材新鲜，可补厨艺。那碟龙虾伊面很好吃。又叫了一条蒸鱼，澳洲人称之为“Barramudi”，即金目鲈，非常新鲜。

吃饱了在赌场走一圈。倪匡兄说：“怎么那么冷清？这里的人也不吵，没有印象中的赌场那么嘈杂。”

“澳门新开的赌场，也没那么吵了。”我说。

一饱就犯困，倪匡兄回查家去睡一觉，梦也不做。我和查太弟弟到附近的购物中心，在酒店里买了两瓶有气红酒。

又去找拐杖。倪匡兄走路较难保持平衡，要靠它。但将拐杖带上飞机有麻烦，都是到当地买，归途交给空中小姐保管。

上次去越南买了一根，现在在澳洲买另一根，以后每到一地都购入。让他将拐杖摆在墙边，希望至少有数十根。

重访墨尔本

和内地最大的旅行社合作。旅行社问我想带队去哪里，我想了一想，好久没有吃到一碗真正的越南牛肉河粉了，当然要去墨尔本的“勇记”了。

一团人出发，到达后先吃一顿海鲜。澳洲的海水干净，养出的生蚝个头不是很大，但粒粒肉非常饱满。价钱不贵，可吃到过瘾为止。团友们问我下不下柠檬汁或辣椒酱。我回答，生蚝的最佳调味品，是海水。

离晚饭还有一段时间，别人休息时我已忍不住，先跑到“勇记”去大吃一顿。门口还贴着二〇〇一年我在杂志上写的那篇文章《为了一碗牛肉河》，插图是苏美璐画的。画中的我对这碗河粉做祈祷状，表情满足。

当然是喝那口汤。啊，所有的记忆都回来了！天下老饕尝尽所有美食，也都认同越南牛肉河粉是最低微、谦虚和美味的食物之一。只要喝一口“勇记”的汤，你便会变成这家店的信徒。大家吃遍越南本土和法国的牛肉河粉，都一致同意“勇记”是天下第一。

一来再来，和老板娘已成为好友，见面互相拥抱。再叫一碗撞牛血。用煮牛肉河粉的清汤，在最热的时候撞进碗底的牛血，牛血马上凝固成豆腐状。大家要是有机会去，一定要叫，别的牛肉河粉店没有，是唯一的。

晚上，我们去了一家叫“Maha”的餐厅。为什么选它？它是在电视节目中出现的中东大厨谢恩·迪利亚（Shane Delia）开的。没吃过，总要试试。

店开在墨尔本唐人街的外围，用澳洲人的生活水平来算还是贵的，但生意滔滔。

可能是我对中东菜不熟悉，不觉得有什么了不起。他在节目中做的一些特别的菜，餐厅里也没有。印象最深刻的只是一道羊肩，其他没什么大不了。

澳洲没有什么好的本地菜，但牛肉还是有独特的味道。我说的不是什么澳洲和牛，而是土种牛。做得最好且最老的店，当然是“Vlado's”了。

老板用手敲打牛扒，把肉敲松之后烧烤，数十年如一日。当年，他说做了三十年，再也没有第二个三十年，一语成谶，去世了。好在他的得力助手继续沿用他的古法手敲牛扒，所以这里还是一家很好的牛扒店。

吃澳洲最好的牛扒，当然得喝最好的澳洲红酒——“奔富葛兰许”了，卖得只比外面的售价高一点罢了。团友王力加请客，共开了四瓶，喝了个痛快。

墨尔本是一个移民都市，什么菜都有。说到日本菜，还要数“升家”（Shoya），这里卖老派日本菜。

什么叫老派日本菜？刺身仍装在一个大冰球里面，以防料理变热。这种二十世纪六十年代的功夫，大家嫌老土，没什么人肯做。一个人一个冰球，很费工夫。

唉，人老了，就欣赏这些。其他的日本料理，每一道都精彩。时下年轻人还是觉得回转寿司的鲑鱼刺身更好吃。

为满足不同食客的需求，“升家”也在该店二楼开了日式酒吧，许多日本女游客和学生前来客串。有兴趣不妨一游。

“万寿宫”还是老样子，一楼不做生意，只当门面，食客们要坐电梯上二楼。墙上挂满每一年获得的奖状。

开中国菜馆开到像“万寿宫”，到世界任何一个角落都有面子，说高级比任何西餐厅更高级，说好吃比在中国开的更好吃。利用当地最好、最新鲜的食材制作最高级的中式菜，洋人都觉得来这里是行家。

如果中国人想到海外打天下，去“万寿宫”学习吧。也不用我介绍有什么好吃的，你一去，一坐下，侍应就会介绍让你满意的。

“刘家小厨”由“万寿宫”的创办人刘华铿主掌。他退休后没事做，就来儿子开的小馆子帮帮手，一帮就停不下来。

服务当然是一流的。至于菜式，单单一味牛舌头就显真功夫。牛舌澳洲产的最好，他把前面硬的那一截弃之，卤得香喷喷的，一吃上瘾。

最大的惊喜，还是市内的古董店。以前我在墨尔本住过一年，常去逛，知道在阿马代尔（Armadale）一带有很多古董店。当今一间一间地关闭。

“阿马代尔古董中心”（Armadale Antique Centre）还在，由英国来的移民带来不少古董。而我要找的，恰好是那个年代的时尚手杖。

我去意大利只找到一根，来到这里，一口气买了六根。其中一根，红色玛瑙头，里面是铜质的，雕工精细，有个武士骑着马，我喜欢得不得了。已值此行。

新 西 兰

全 鹿 宴

新西兰地广人稀，是养鹿的好地方。

招呼我们的是何氏三兄弟。大哥、二哥做鹿药材生意，三弟开餐厅。老三知道我好吃，对我说："如果要吃全鹿宴，可到我大哥那儿，专为你做一桌。"

欣然前往。该日的菜单：鹿尾汤，鲜鹿茸、鹿柳、鹿肝之刺身，鹿鞭煲、麻辣鹿腩、铁板鹿扒、串烧鹿肉、鹿小腿和各种鹿串烧、香肠，加上鹿茸浸的白兰地和威士忌。

对于"鹿尾"，我的确无知，还以为是雌鹿的生殖器，原来名副其实是鹿尾。每只鹿的尾巴都很短，割下来冷冻时还带着毛，更像阴户。把尾巴上的毛拔光，取出一个黑色的囊，跟羊的一般大，这就是"尾"，在中药店中常见到的那种。

鹿是没有胆囊的，"尾"代替胆囊的功能。《本草纲目》中说鹿尾是壮腰健肾、纳元气、增活力之宝物，相信差不到哪儿去。

同人参、鸡和米酒熬几个小时，鹿尾汤还是有点异味。喝了一口停下。

鹿茸刺身倒是第一次试。将鹿的幼角顶端部位切成薄片，蘸酱油和山葵吃，爽爽脆脆。鹿肉刺身像日本料理中金枪鱼鱼腩（Toro），很美味。生鹿肝则像鲍鱼肠。

鹿鞭煲听起来像牛鞭。所有的鞭都令人想起煲烂的牛筋。懂得欣赏牛筋，吃鞭就吃鞭，不觉恐怖。

反而是焖出来的麻辣鹿腩最精彩，又香又软熟。

鹿扒淋上了红酒，口感也比牛扒嫩。从前在欧洲，只有皇亲国戚才有资格吃鹿肉。鹿肉是极高贵的肉类。

小腿肉连骨。吃完吸骨中的髓。

串烧和香肠较为普通，并无特色。

鹿茸浸的白兰地和威士忌味道有点怪怪的，不宜多喝。

中国人传说中的“以形补形”，并无太大的根据。吃了那么多尾和鞭后，有人就觉得全身血液循环加快，其实不过是白兰地和威士忌在肚中作怪罢了。这和补不补、形不形搭不上关系，但也是个奇妙的体验。

哼尼餐

澳洲和新西兰都是白人后来占为己有的。原住民是澳洲土著和毛利人。

澳洲土著皮肤很黑，毛利人皮肤以棕色为主。相信在古代，毛利人与塔希提岛、夏威夷的土著是同一族人。

大家在纪录片和运动大会上看到的毛利人，双腕拍肋，伸出舌头，大跳战神舞。竞赛之前，必以此助阵。脸上和身上布满了刺青，男女都是肥肥胖胖的，样子一点都不凶悍。从他们伸舌头的举动，可见他们只是想把对方吓走，绝不想用暴力解决。

来到新西兰，怎么可以不吃一顿地道的毛利餐呢？他们叫作“哼尼餐”。

做法：把食物用叶子包裹起来。生火，将石头烧红。在地上挖一个洞，将烧红的石头和食物扔进洞中，等食物熟了便吃。这和夏威夷土著人烧猪的做法，有异曲同工之妙。

“哼尼餐”的材料大多是野猪、羊或鸡，有时是全海鲜。配料有薯仔、南瓜、番薯等，还有面团。面团烤成包后，很像我们的馒头。

做一顿“哼尼餐”要四小时以上。为节省时间，事前已关照他们一早做好，等我们到来即刻开吃。

到了现场，见两位毛利人在地上燃烧树干，还是新砍下来的。罪过啊，为了这一餐牺牲一棵树。好在，新西兰树多，是烧不完的。

毛利人把树干推开，用铁锄掘开泥土，挖出里面的石头。每块石头都有柚子般大。

本以为可以有得吃了，然而洞里空空的。之前不过是把石头烧红。只好耐心地等待，肚子饿得叽里咕噜的。

接着，毛利人将烧得最透的石头先填进洞，放入食物，再把其他烧红的石头盖在上面，已经不必用泥土来埋。两个半小时过后，打开包裹在外面的叶子。面包已膨胀；薯仔烧得烂熟；野猪肉香喷喷的，流出一大堆汁；土鸡更是美味；羊肉则硬了一点。

这一餐，吃得非常过瘾。怪不得毛利人都是肥肥的，只有靠跳战神舞来减肥了。

塔希提岛

保罗·高更号（一）

十二三岁时，从新加坡到马来西亚旅行，到了一个叫波德申（Port Dickson）的海滩。海水清澈见底。我赤足踏入，感觉像踏在一张巨大无比的地毯上，柔软得很。水是温暖的，这是我对海的印象。

然而，清洁的海滩一个个地消失，短短数十年时间，人类已把全球约百分之九十九的海滩污染，未被污染的海滩没剩多少个。我一直在寻求。

马尔代夫、塞舌尔岛，我都去过了。干净是干净，但地方已太过商业化，遇到的人并不快乐。当今世界上唯一的净土，也只有塔希提岛（港台译为大溪地）了吧。

一说塔希提岛，也许有人记起，这是《叛舰喋血记》的背景地。在这里拍过好几部电影。但塔希提岛对我而言，与其不可分割的是画家保罗·高更（Paul Gauguin）（1848—1903）的画。

父亲在家中挂了一幅高更的作品的复制品，画上黑漆漆的人物，却穿着颜色鲜艳无比的纱笼。那种强烈的对比，深深烙印在我脑海。从此我喜欢上他的画，到各个美术馆中寻访真迹。我觉得，高更的艺术水平是凡·高追不上的。凡·高的画，只有一幅《星空》超越现实，而高更笔下的塔希提岛土女，几乎全部是他处于疯狂状态之下画出的。怪不得毕加索也深受他的影响，虽然毕加索从来不承认。

去塔希提岛，走遍一个个的小岛，追寻高更的足迹，有什么好过乘邮轮呢。这一艘邮轮，干脆以画家命名，就叫“保罗·高更号”。

和坐数千人的邮轮不同，这一艘邮轮的排水量只有一万九千二百吨，一共八层，可乘三百三十二位客人，却有二百一十七名服务人员。它于一九九七年下水。

船经过一再装修，很新。在七、八层的房间都大，每间五百多平方英尺，另有近百平方英尺的阳台。房费已包括了所有的饮食，包含二十四小时的房间用餐，酒任喝。邮轮不勉强客人付小费，上岸之前，在大堂楼层会放个箱子，认为满意可随便给，收集到的小费分摊给各个工作人员。

接下来的那几天，我们就一直住在船上，每天船停泊在各个小岛时，下船游玩。

在这里，我们先暂停一下，把时间倒回，说说怎么去塔希提岛。

从香港出发，我们本来准备先飞东京，花去四小时，住一晚，再乘十一个小时的飞机直达。但因为日本发生了核泄漏事件，为了消除其他团友的疑虑，我决定取道南半球，由香港国际机场飞新西兰的奥克兰，也是十一个小时，在奥克兰的机场转塔希提岛航空，五小时后抵达，此时已是深夜。经时差和回归线，塔希提岛迟香港半天又六小时（十八小时）。

来塔希提岛消费，货币很容易换算。当地货币是港币的十分之一，即一百块当地货币等于十块港币。

在塔希提岛入住的“洲际酒店”（Intercontinental Tahiti Resort&Spa）被誉为当地最佳，但和其他所谓度假胜地的海上屋一样，并无惊喜。房中的咖啡桌下有一片玻璃，可从这里直望到海。比别处更诱人的是海水清澈到极点，鱼又多又大。翌日看着日出，从阳台的楼梯爬下，浸一浸南太平洋的“黄金海水”。

整个法属波利尼西亚群岛人口有三十几万，其中三分之二的人住在塔希提岛。我们先环岛一周，吃的没有什么值得一提的，多数为海鲜烧烤一类。对所谓的烹调，我最看不起的就是火锅和烧烤，无技艺可言，把食物扔进去就是。

但有些法国人慕名而来，爱上了就住下来，娶了当地女人做老婆。太太喜欢饮食，就开起店来。其中一家叫“CoCo's”的最为出色，不逊于巴黎小店。土著老板娘在甜品上下足功夫。先用焦糖烤出一个圆球，将凡尼拿（“Vanilla”即香荚兰，一种名贵香草）冰激凌填入其中，最后把煮熟的巧克力装进一个精致的水晶瓶中，浇在球上，噼噼啪啪爆裂融化。好吃又好玩。

环岛一游，并没什么看头，到处可见椰子树和面包树。用老椰子做的椰油，是塔希提岛的主要出产之一。椰青水不甜，不好喝，和越南的一样。原来椰子也分多种。我喝过所有热带国家的椰青水，只有泰国的最佳。

而面包树有数丈高，长满圆形的绿色果实。果实有沙田柚般大。当地人将其切片后油炸，或者磨后晒干成粉，做成饼。没有什么吃头，有人说像马铃薯，但我觉得比马铃薯更加乏味。

当地人的食物简单，淀粉质的占大多数，所以人长得肥胖。这在高更的画中也可以看到。经过一所小学，走出来的儿童有三分之一是胖子胖女。他们还年幼，瘦人的比例还算高，一上年纪，胖人就占一半了。

吃了几顿当地菜和法国餐之后上船，大多数还是不太咽得下的东西。所以临上邮轮，到一家叫“Le Cheval D'Or”的中餐厅去用餐。走出来相迎的是塔希提岛的“中华小姐”，很漂亮。她家厨子做了烤乳猪、石榴鸡、蒸鱼等，像模像样，众人吃得不亦乐乎。

塔希提岛的中国人也不少，多是客家人。岛上也有关帝庙，到了春节也舞龙弄狮。我们去了当地的博物馆，看到一件早年移民的黑衣，有两条的黑色绲边，非常优雅。当年的苦力的衣服也比现在的时装更细致。

下午三点，是时候上船了。

保罗·高更号（二）

临上船之前，去塔希提岛大岛的“保罗·高更博物馆”。

这是一座海边的旧屋，有花园，面积甚大。反正那边的地皮便宜，大也无所谓。展出的都是复制品。高更的画和雕塑木刻真品，留下的并不多，他最爱的一幅，塔希提岛也没有。

但可以看到他一生的历程，虽没有真迹，但要了解高更，是值得一游的。

游博物馆，我最爱去小卖部购物。在这里我买到了印有“两个女人”的纱笼。本来也想要买一个铜像复制品，但这铜像塑的是一个肥婆。我对肥婆没好感，就没买，当今后悔。

傍晚上了邮轮，乐队在岸边相迎，又有两个穿着草裙的塔希提岛少女当知客（此处指招待宾客的人），和我们每人拍一张照片。次日，以每张照片二三十块美元的价钱卖给你，这是每艘邮轮的花招，客人都省不了的。好在那女的长得又高又漂亮，也算没白花钱。

房间很舒服，内有浴缸。沐浴品用的是“欧舒丹”（L'occitane），比“宝格丽”（Bvlgari）低一级，也没什么可以抱怨的了。房间不设开水壶，要泡茶只有用那座“奈斯派索”（Nespresso）咖啡器取热水。普洱喝得多，我已准备了一个旅行用的电热水壶。

船长送了一瓶香槟，在柜台上还摆着威士忌和伏特加各一樽，任饮。冰块大量供应。若要苏打水，冰箱中放满各类无酒精饮品和矿泉水。啤酒更是饮之不尽。当然，这些都包括在房费里面，不必另付。

冲了个凉后就去吃饭。船上有三个餐厅，不要求客人穿西装，只要求客人在晚宴时别着短裤拖鞋就行，早餐及午餐则无所谓。

餐厅外有钢琴演奏，还有一个大型的酒吧，众客都大喝特喝。我要了杯曼克顿鸡尾酒，酒保也调得似模似样。服务人员是清一色的菲律宾人，没做要小费的表情。这是其他邮轮的通病，在这艘看不到，是好事。

吃的是西餐，也没分法式或意式，总之每样都有好几道可选择，头盘、汤、副食、主食、芝士盘、甜品、茶或咖啡，当然有无限量的红白餐酒及各类烈酒。

分量是充足的，喜欢的话可以多叫一份来吃。在船上，不会挨饿，因为房间里也有二十四小时的餐饮免费服务。只怕你吃厌而已。

饭后，餐厅的另一边有个大型的表演厅，每晚的节目都不同。我一点兴趣都没有。上船表演的，只是三四流的角色，每艘邮轮都一样。接下来那几晚之中，唯有草裙舞值得一看。

另一处，有小型“的士高”，年轻人都爱在那儿消耗体力。我还是返回房间去发微博。这次旅程，可花费不少，平均每天的上网费都要六十几美元。

船慢慢地起航。略为晃动的感觉有如婴儿的摇篮，让人在很舒服的状态下入眠。

第二日。

一大早起身，看日出。船已停泊在小岛的海湾。早餐也丰富，鸡蛋有香味。除了自助餐之外，可另叫小牛扒、小羊扒、热狗香肠等。还是我自己带去的浓普洱比英式早餐茶包好喝。

乘小艇去游叫“胡阿希内”（Huahine）的小岛，它在1769年才被库克船长（Captain Cook）发现。土著居民早已在这里居住，有自己的女王。他们和法国海军抗争，最后还是在1896年战败，小岛成为法属殖民地。

其他岛的土著倒觉得没什么关系，自己人管也行，外国人统治也没什么大不了，反正日子照过。

法国人当然带来了他们的文化，令波利尼西亚人学会了法语。但同时，这个混账的国家竟在这里试爆原子弹，实在是滔天大罪。

以林木茂盛这四个字来形容小岛一点也不夸张。岛上还有到处开放的野花，名叫“木芙蓉”（Hibiscus）。土著都喜欢将一大朵花戴在耳旁。我也往那顶巴拿马草帽上乱插，反正在这里随手摘取，没人会指责你。

仔细观察岛上的植物时，该岛居民说：“很多植物是外来的，像香蕉和菠萝，都不是塔希提岛原有的。我们的老祖先只知道抓鱼，不懂得种水果来享用。”

“这是什么？”我指着一个个像干枯了的菠萝问，“能吃吗？”

“这是……”他叽里咕噜地说了土著名字，我忘记了。回船后把照片在微博上一发，得到很多读者的响应：“好像是露兜勒，野生的海菠萝，长出来的叶子就是用来包芦兜粽的。”

我已经到了一个不求甚解的年龄，有机会才去了解它的学名。当地人把一颗种子拔出来，竟粘着一撮长毛。他说：“这儿的古人就用它来当毛笔了。”

真是好用，拔出几枝，拿回香港写写字，不知有无新意？

岛上还有人养野生鳗鱼，是淡水的，足足有七八英尺长，是所谓的花锦鳝。拿到香港，一条可以卖好几万。贪婪的香港人只会那么想。

在大海与大河的咸淡水交界处，土著用石头搭了箭形的陷阱，左一个，右一个，中间又一个。鱼儿游进来就游不出去，可以“守株待鱼”了。

在这里生活的人，原本无忧无虑，吃饱了便挖树种，四处画画。在许多壁画中看到的图案，就是描绘这种抓鱼的方法。文明人来了，教他们吃水果、穿衣服、买汽水，跟着就是看电视。看到了外面的世界，年轻人心向往之，不回家了，也回不了头。人口维持在三十几万，就是这个原因。塔希提岛仍人口稀少。

保罗·高更号（三）

船又是半夜才开，看到日出时我们已经来到波拉波拉岛（Bora Bora）。到这个时候，我们才感到什么是真正的世外桃源。这个岛是波利尼西亚最漂亮的，远望几乎全无人烟，一切南太平洋的情调尽在其中。

第三日。

“到过的人，谁都想再回去。”作家詹姆斯·米切纳（James Michener）说过。他们美国人于第二次世界大战时，在这里设了休闲基地，让五千个兵士疗养身心，为此开辟了飞机跑道。当今有许多游客干脆不去塔希提岛大岛，而直接由世界各地飞来这里。下次各位若游波利尼西亚，也可以考虑这条航线。

岛中也有家希尔顿酒店，规模相当庞大，虽然已经残旧，但另有一番小岛的风味。其他新酒店也很多。

我们的小艇在一望无际的白色沙滩停下。土著说：“可以下去摸鱼了。”

海水清澈见底，哪里来的鱼？这时他们拿出面包和鱼饵扔入海中，不一会儿，鲨鱼便游了过来，不止一条，是一整群。但请别担心，只有约五英尺长，鱼翅上长着黑斑，人吃它们，它们并不吃人。

大抵是每天都有人来喂东西的缘故，鲨鱼已驯服得像一群小狗，亲切地前来任人乱摸，也不生气。我们都跳下了海，游泳的游泳，潜水的潜水，喂鱼的喂鱼。

鲨鱼吃饱后接着来的，又是另一种鱼。整片白色的海顿时变为黑色。那是魔鬼鱼，有一张麻将桌那么大。

澳洲的那个节目主持人不是被这些所谓的“魔鬼鱼”（Sting Ray）的毒刺蜇死的吗？“不怕，不怕。”土著说，“刺已拔掉。”相信他才怪，那么多条，拔得光吗？不过鱼的确是可爱，见它们被土著弄翻，露出白肚，也不挣扎。大家都放心去玩了。

第四日。

邮轮继续停留在波拉波拉岛。客人有些上岸散步，有些留在船上做 Spa。这里的按摩女郎也是来自菲律宾的，学习波利尼西亚的技法，用手臂在客人身上推拿，力度较足，不像塔希提岛的酒店做得那么软绵绵。

五楼餐厅外有几档赌桌让来客玩“21 点”（Black Jack）。发牌的菲律宾荷官在香港和澳门之间的赌船做过，见到我们像“他乡遇故知”，差点没一直让我们赢钱。

这个景点，最特别的是可以看到“绿色的光辉”（Green Flash）。很少人见过此景，也从来没被拍摄下来。那是因为它为一个视觉上的错觉，当你直望太阳沉入海中，看久了视觉颜色发生偏差，滤去其他色彩而产生的。这时候，太阳变得像是一块巨大的碧玉。此景给我们留下了深刻的印象。

波拉波拉岛椰子树最多。看到树干上有个铁皮圈，那是为防止老鼠爬上去偷喝椰青水。铁皮圈滑溜溜的，老鼠爬到一半就滑下来，很合理。在夏威夷也有相同的装置，不知道是谁教会谁的？

其实，塔希提岛和夏威夷有许多相似之处：土著肌肤颜色一样，吃的差不多，连草裙舞也相同。但在气候上塔希提岛比夏威夷好得多。一年冬天到夏威夷，看到不怕死的日本游客穿着短衣短裤，被冻得发抖。而塔希提岛的冬天只是清凉。夏威夷人讲英语，带严重的美国牛仔腔，十分刺耳。塔希提岛人说的法语，始终是好听的。

夏威夷的海，多数已经肮脏得不能游泳，但塔希提岛的海，处处都让你想跳进去，这个区别十分之大。

我在夏威夷住的日子长过塔希提岛，但脑里一片空白。让我出发到夏威夷的，是一部叫《乱世忠魂》的黑白片子，狄波拉·嘉（Deborah Kerr）和卜·兰加士达（Burt Lancaster）在沙滩上激吻；到塔希提岛的目的，是看高更的遗迹。二者一比，层次显然不同。

说什么，我也不会再去夏威夷第二次，但塔希提岛，我可以一来再来。

下次重游，得到马龙·白兰度买的那个小岛去看看，这回错过了。他的回忆录里写过，有次遇到一个风暴，差点把屋子连根拔起。那场风暴一吹就是七天七夜，白兰度以为他会葬身塔希提岛。如果正如他所想，那有两种结果：一是，他会成为完美的偶像，当年是他最英俊潇洒时；二是，我们看不到他晚年扮演的《教父》，也是十分可惜的事。

下午返回邮轮，仔细观察每一层的结构。最下面的两层是货舱；第三层为船客出入之地，医疗室也设于此；第四层为大堂及客舱；第五层是餐厅和表演厅；第六层也是餐厅，还有水疗和健身房；第七、八层都有客房；甲板在第八层，有两个餐厅、游泳池，也有露天吸烟处。

每间房都有阳台，有些还有露天的私人空间让客人晒太阳。

看罢海上日落，过一阵子，又望到小岛。原来船虽停泊，但引擎仍开着，缓慢地转，让客人从每一个角度欣赏美景。

保罗·高更号（完）

第五日。

来到“达哈”（Taha）。这个岛也叫“凡尼拿岛”。凡尼拿又称“黑金”，可见多么珍贵。

这还是第一次看到凡尼拿的成长和制造过程。先要种一棵笔直的小树。凡尼拿为爬藤类植物，不能直接长高，要依靠其他植物，一面吸收它的营养一面爬上去。长出的豆荚是绿色的，有四季豆般大，但比它长一倍。成熟后摘下，晒干后放进冰箱，让荚内的种子保持湿润，再晒再冻，反复数次，就成为我们常见的黑色长条凡尼拿了。

剥开，用刀子刮出荚内的种子和黏液。香到极点，并非人工凡尼拿的味道可比。买了一撮回船，吃完饭后叫一客五粒的冰激凌，再把新鲜的凡尼拿刮下，混入冰激凌中，豪华至极。吃到过瘾为止。

第六、七日。

船来到最后的一个小岛，叫“莫莱”（Moorea）。

小船开到白色的沙滩前，邮轮职员纷纷上岸准备。我们先来到山顶。由于火山爆发，又经数万年的风蚀，波利尼西亚的山峰尖如刀剑。我们在山上拍了些照片留念。车子一路下来，看到一间植物研究所，停下，那里有各种果实做的饮料和冰激凌供应。不过吃什么，都比不上吃我自制的“甜品凡尼拿”。

导游是兼司机兼歌手的本岛人，幽默得很。他说：“我带大家去全岛的一家‘Super Super Market’（超级超级市场），包君满意。”

车子在一间小得不能再小的茅屋停下，门口招牌由可口可乐供应。大家看了哈哈大笑。要是有生意做，早就被华人霸占了，轮不到当地土著。

码头旁的小商场倒是百货齐全，最重要的商品是珍珠。塔希提岛的商场也都由华人包办了，雇用了本地人，在商场中做示范表演。制作过程和到御木本（Mikimoto）工厂见到的一样，不赘述。

我只向导游提出一个问题：“为什么别地方的珍珠是白色，而塔希提岛的是黑色的呢？”

“问得好。”店家解释，“这里的蚝，蚝肉的边线是黑色的，是叫‘黑蝶贝’（Pinctada Magaritifera）的品种，所以产出来的珍珠都是黑色的。”

一万五千颗珍珠之中，才有一颗是天然珠，其他的都是养殖的。最初由日本人来指导，大概斗不过华人，日本人都撤退了。

是不是“真”的珍珠？我一点也看不出，反而是众团友太太们有慧眼，说比在香港买到的便宜一半，纷纷出手。一串大的，要二十多万元港币，高兴得那店员们眼睛眯着睁不开，拼命送纪念品。有位团友获赠一个用蚝壳做的夹子，送给了我，倒是很好用。从今穿纱笼时，有这玩意儿一夹，就不会半途掉下来露底裤出丑。

码头上，有些小孩子在跳水嬉戏。一个父亲浸在海中，抱着几个更小的。岸边木凳上坐着一个少女，对我好像很好奇，一直注视着我，我也感觉到她的目光。对视久了，愈看愈美。腰细腿长的身材，魔鬼般的诱人。想到我自己的名言：“做，机会是五十五十；不做，机会是零。”如果让她那么白白地走了，这一生也永远不会再遇到。想到这里，走了过去，和她交谈。但小艇已到码头，我也再没有弃船跟她一辈子的勇气。笑着，她依依不舍地向我招招手，我也招回去。虽然那么短短的几分钟眼神接触，已难忘。

工作人员已在沙滩上布置好一切。有个小酒吧，是用浮板搭在浅海上的，漂来荡去。我们可以一面涉水一面饮酒。

沙滩上开放式的小亭子中摆满各式的烧烤。我说过已经对火锅和烧烤失去兴趣，见有白米饭就吃。后面那几天都是以白米饭为主，配着意大利人腌制的罐头小咸鱼，已比任何猪扒、牛扒好吃得多。

在绑在两棵树干之间的网床上午睡，不想回去。

飞过了国际日期变更线，赚回一天。来时损失一天，打平。

如果要享受真正的阳光和沙滩，除塔希提岛之行不做他选。到过之后，什么马尔代夫都不必去了。可是终归是那么遥远，也正因为这样，才能保存那原始的风貌。

香港人最肯花钱旅行，今后的热门路线，应该是去塔希提岛吧。

第四章

非洲

狂野文明

南　非

轻　纱

飞机晚上十一点钟出发，直飞南非约翰内斯堡，全程十二个半小时，经时差，翌日当地的清晨六点钟抵达。

依一向的长途飞行习惯，上了机，看到电视上显示的目的地时间，就把表校正。生活在目的地的时空上，得把出发地的忘得一干二净。

晚餐已在家吃得饱饱的，乘机后换了便服，即刻倒头大睡，什么鱼子酱都不去尝它。

因前一个晚上赶稿，这一觉睡个大昏迷，洗手间都不去。醒来一看表，是当地时间的清晨四点。有两个小时做热身准备，洗漱刮胡子，眼睛不会浮肿。饿了，来一碗面。

从前飞机上的面条用的是干面团，很细，样子好看，食之如嚼草。现在已改善，以粗一点的面条代之，但味道照样不行，如嚼粗草。

很奇怪，飞机饮食部为什么不用日本拉面，反正碗碟都已经是日式的了？“全日空”就有拉面供应，采用北海道“时计台”拉面店的产品。这家店研究又研究，让拉面经过“再加热”（Reheat）之后，比现做的还好吃。成本当然高了一些，但一碗面的价钱，能贵得了多少？

幸好带了自己制作的辣椒酱，把那碗难吃死的面吃个精光。连汤汁也一滴不剩，还有酱油嘛。

饱了，看一会儿电影，是下半部，下回飞行再从头开始看。什么时候插入或退出，不是问题，故事已在脑中组织好。

非洲大地，已在我脚下。没什么高楼大厦，却有万家灯火，汽车匆忙地奔走，像是一座繁荣的都市。

是薄雾或是地上的蒸气，将整座都市用一层像丝绸又像轻纱的东西盖住。

云朵的变化令人叹为观止，为什么没有一本摄影书将它的形状一一记录？这也是退休人士值得去做的一件事。

各有各好

飞机在南非首都约翰内斯堡着陆。我们即刻转南非国内机，到第二大城市开普敦（Cape Town）去。

一般人的印象中，非洲土著裸着上身，整天抓着一根尖矛追野兽，天气总不会太冷吧？岂知一抵约翰内斯堡，机长宣布外面温度只有一摄氏度，乘客“哗”的一声叫了出来。

这都是来之前不做调查的后果。非洲现在是冬天，差点就要下雪。穿半袖T恤的人正在担心时，飞机抵达开普敦。此时是上午十点，整个天空浅蓝色，一片云也没有。气温升至十七摄氏度，最为清爽舒服。工作人员又叫说：“太好了，怪不得叫好望角。”

其实“开普角”（Cape Point）才是好望角，反正和开普敦距离不远。

这是南非最古老的一座城市，码头充满欧陆风情。象征这个地方的，是一座叫“桌子山峰”（Table Mountain）的峻岭。

此山高不可攀，从任何角度望去，都占了天空和大地之间的一半。用一把刀将山顶切平也没那么整齐。上帝把它当成一个餐桌，也不出奇，亦叫“上帝的餐桌”。

当地居民却称之为“狮子山”。当然没有香港的那座那么像狮子，不知道为什么这么叫它？加十二万分想象力，也没狮子的样子。

从机场到市中心只要半个小时。我最喜欢机场离市中心不太远的城市，可惜这种地方大多数是落后的。

入住“桌子湾酒店”（The Table Bay Hotel）。这里面对码头，风景如画。这是这里唯一的住得过去的五星级酒店，以Spa出名，出浴和按摩服务都有。全套从头到脚的服务，可连续做五天，价格便宜到让人不敢置信。

没时间的话，有个六小时的，让你试尽最新的洗澡机器和全世界各种按摩，做到你脱皮为止，也不过几百块港币。不望风景，望浴室的墙壁也行，各有各好嘛。

大家都对开普敦印象很好。

桌子山峰

第二天，我们爬上开普敦的“桌子山峰”。

说是爬，其实是乘车到山脚，再搭缆车上去。我对缆车这种交通工具又爱又恨，恨的是它破坏大自然，爱的是不用花几小时爬，累得像孙子，矛盾得很。好在“桌子山峰”非常宏伟，和它一比，缆车小得像甲虫，风景依然。

缆车为球状，一面上升一面旋转，让人三百六十度地观看风景。岩石风化后裂成长方形，山壁像一块块的巨石堆积而成的城墙。望出去时感觉快要撞上，令人心惊肉跳。

冬天风一大，缆车就停航，我们运气好才能乘坐。从远处望，“桌子山峰”的山顶像一张桌子那么平坦，但是爬了上去，才发现地面还是凹凸不平的。

我们站在非洲大陆的最南端，远观整个大西洋，俯望开普敦城市。也算在非洲留下了足迹，或是说非洲留在了我们心中。

这时山上飘来一片云，像在这上帝的餐桌上铺了一张桌布。

传说中，有个叫“诺瓦”的海盗爬到山顶抽大麻。上帝生气了，也向他吹烟，所以山顶经常烟雾缭绕。

太阳猛照下，云吹散了，在山顶上生活的象鼠即刻跑了出来。象鼠（Rock Dassie）是一种很可爱的动物，和猫一样大小。它的特征在于能将胸骨收缩，方便遇险时钻洞逃生。山上有很多象鼠的死敌——黑鹰，一天要吃几只象鼠才够饱。象鼠若没这种天赋的生存能力，早就绝种了。

为什么叫为“象鼠”？从山上找到的化石中发现，古时这种老鼠也长象牙，腭骨的构造和象一样，应该属于同科。

在化石中也找到人类的石器，数万年前已有人爬到这么高的山上来居住。当时的人住南极、北极，专选环境最险恶，但风景最优美的地方定居。

我们现代人却拼命往“石屎森林”（即钢筋混凝土建成的高楼大厦）中钻，实在是一大讽刺。

炭烧咖啡

来到南非，适逢当地的冬天。海水太冷，没人潜水去抓新鲜鲍鱼，但龙虾船倒是每天出海。

南非人吃的龙虾都是冷冻的，市场没活的卖。只好去一家批发厂，有几十个大池，将龙虾用干净的海水养个数日才每天一吨一吨地运到东南亚等地去。这里的龙虾数目蔚为壮观，一世也吃不完，价钱便宜得令人发笑。

我们一行，连艺员、她们的保姆和报纸周刊的记者们一共近二十多人，买了三十尾大龙虾，一人一只二公斤重的，烧烤去也。

学波利尼西亚土著的吃法，生了火，把树枝穿过龙虾插在火上烤，就那么简单。

准备时用一根筷子捅入龙虾身体，给其放尿。当地的白人不知道这个方法，看了啧啧称奇，大叫："我们吃了一辈子的龙虾尿！"

如果全熟的话，壳一定被烤焦，拍起来不好看。我们在烤到七分熟时，拔下龙虾的头，露出身上的肉，先大咬一口肉，鲜甜无比。把头中的汁喝了，是最天然的龙虾汤。

借用的地方是海边的一家简陋的餐厅。主人说：“我尽量保持原始，没有电没有灯，成本可以少一点，价钱就便宜了。晚上看星星月亮吃东西，也是乐趣。”说完先弄一壶炭烧咖啡给我们喝。“炭烧咖啡我们喝过，百嘉宝（Pokka）、悠诗诗（UCC）都有。”女孩子们说。

这时，主人用夹子钳了一块烧红的炭，就那么放进铁壶里面，咖啡即滚了起来。这才是真正的南非炭烧咖啡。

“不怕炭脏吗？”女孩子问。

主人说：“西方人一拉肚子就拿炭晶来解决。吃了那么多的半生熟龙虾，不知道你们的胃扛不扛得住。喝完这杯炭烧咖啡，包你们没事。”

大家笑嘻嘻地以为主人乱讲一通，但都照喝。

比利时啤酒

开普敦是一个大熔炉，来自英、法、意、德、印度、马来西亚等国的人，都聚在此地。种族之间的歧视存在，但都隐藏了起来，大家都在挣一口饭吃嘛。

比利时人在这儿开了一家啤酒餐厅，除了食物材料，一切从其祖国输入。“别看比利时这个国家小，”倪匡兄带笑说，“八国联军也有他们的一份。”其实这是冤枉了比利时。

对比利时，我只欣赏他们的啤酒。尤其是有些苦行僧做的，我认为是世上最好的啤酒。

苦行僧住在峭壁的顶峰，所有的物料和人都用一个大吊篮拉上拉下。苦行僧不出门，也不互相说话，一味做啤酒和祷告。人们以为修道院生活苦闷，哪知他们嘻嘻哈哈的，整天大醉，卖了啤酒又能赚钱，不知多么享受！

比利时啤酒比一般的啤酒更醇、更易入喉，泡沫幼细如丝。

与唇接触，感觉极好。其味道略带甜，但又不是酒鬼讨厌的那种甜法，真是诱人。

比利时啤酒还有一个特点，那就是酒精度数高。一般的啤酒只有四个巴仙（即百分比，此处指酒精含量），比利时的有五至七个，较易喝醉。

这家餐厅的下酒菜有牛肉块和红烧的猪腰。猪腰煮得没有异味，大师傅说是下了比利时啤酒之故。其实用红酒去煮，一样好吃。

接着的是牛骨髓，每碗三根大骨。做法是先将水煮开，下葱和胡萝卜，再滚了之后便把骨头放进去，煮个半小时即能上桌。骨头有甜味，不必下味精，加少许盐。吃时用刀挖出油油滑滑的骨髓来，入口即化，真乃天下美味。

豪爽地喝比利时啤酒，不是一瓶瓶地叫的。“来个一公斤（one kilo）。”侍者拿了长颈大玻璃杯出来。大家“哗”的一声，说：“怎么喝得完？”

我要了一小瓶布什（Bush）牌比利时啤酒，友人们都说也要喝我那种小的。很好喝。一共来几瓶，结果大醉。原来他们都不知道这是酒精度极高的啤酒，有十二个巴仙酒精。

问你怕吗？

好 望 角

我们终于来到好望角（Cape of Good Hope）——非洲的最南端。

亲自踏上这块土地，虽然没登上喜马拉雅山那么威风，但也有种满足感。

“为什么叫好望角呢？”李珊珊问我。

古时欧洲的航海者到东方去采买香料，买丝绸和茶叶。回程时，看到非洲的尖端那块巨石，就知道能够顺风顺水地回家，充满重见妻儿的希望，故称之。

从好望角望出，是印度洋和大西洋的分界。海水中不可能画出一条界线，要是国界线也画不出的话，那才是更好的愿望。

远处，一片白浪，是鲸鱼群在嬉戏。来南非研究鲸鱼生态的学者不乏其人。

“Free Willy，Free Willy！”同行的艺员叫了出来。

“Willy”是条杀人鲸，身体不大，怎能和这种巨鲸比较！

有些人认为鲸鱼只有一种罢了，和看到的海就是一种海一样，哪分什么大西洋、太平洋和印度洋。

瓦格纳（Richard Wagner）著名的歌剧《飞翔的荷兰人》（The Flying Dutchman）中的神话，也是起源于好望角。其实这里的“荷兰人”不是指人，而是一艘船的名字，而且并不会飞。

话说这艘船的船长航行到好望角时遇到风浪，天使出现了，安慰“飞翔的荷兰人号”的船长，但船长并没有即刻亲吻天使的手。天使不高兴了，就让风浪把船打沉，见死不救。这个天使，未免也太小气了。

“飞翔的荷兰人号”从此不得靠岸，永远在好望角边航行，成为一艘幽灵船。其他船只一经过，听到它传来的唬叫声（指可怕的呼叫声）即刻避之，故不触礁，救了很多人的命。

这传说一直流行到第二次世界大战，德国的潜水艇“U Boat”（Undersea Boat）也因听到唬叫声而逃之夭夭，盟军的战舰才没受到水雷的攻击。

信不信由你。

非洲马来村

在南非开普敦散步，离市中心不远的山坡上，有个住宅区。那里每一间房屋都不同颜色，像孔雀开屏。

“那是什么地方？”我问。

“马来村。”当地友人回答。

简直不敢相信自己的耳朵，非洲怎么会有个马来村？友人娓娓道来：“从前，有个马来苏丹的皇亲被放逐，流落到这里。非洲人很友善地欢迎他一家住下。这里生活悠闲，和他们的家乡一样，只是冬天冷了一点。故事流传到马来西亚，许多人相继移民到这里。”

“但是马来人的房子并不是五颜六色的。”

“到了二十世纪七十年代，有很多嬉皮士流浪到南非。”友人解释，“他们选择在马来村住下。嬉皮士都有点艺术细胞，你一间我一间地髹漆起来。当地政府对马来人还很好，他们买房子不必缴税。后来有很多搞艺术的非洲人也集中在这里。”

我们逗留了一阵子，拍了很多照片。我想，要是能进去一间看一看就好了。不问白不问，问了机会五十五十。我遇到一位端庄的少妇，提出要求。“进来，进来。”她毫不犹豫地欢迎。

她住的这间很小，一进去是个厅，没有沙发。少妇的女儿长得很精灵，正在看电视。少妇的母亲是一个大肥婆，招待我们到厨房。所谓厨房，是在大厅中摆了炉灶。我最喜欢这种一面闲聊一面进食的生活方式。

她们把家里的食物全部搬了出来，我以为可以吃到一些失传的马来咖喱，但味道近于印度尼西亚菜，已很满足。

“客人来到，没东西给他们吃，就没面子了。”少妇说，“我们去到他们家，也一样。”

“要是对方孤寒呢？”我问。

她回答得理所当然：“少来往呀！”

不好意思

一下子，我们从环境幽美、气候凉爽的都市进入森林。

从开普敦坐两个小时的飞机，去约翰内斯堡，然后再乘四个小时的车到克鲁格。

所谓的森林，其实是个国家公园。园中建了一栋栋的房子，砖砌的，盖着茅草。这是我们的酒店，一个人住一栋。

楼上楼下各一间卧室，大厅连着餐具齐全的厨房，外面有游泳池和烧烤炉。

抵达时已经深夜，再没力气到大餐厅去吃“野兽宴”，躲在屋内自炊。

把预先买回来的四个玉米用滚水煮，再开牛肉罐头，又烧了一锅方便面，面中加大量的洋蔬菜，已是一顿很丰富的晚餐。

清晨，大家还在休息时，我已起身，写完稿，在酒店周围散步。见原野中开满红花的树丛，被薄雾盖上，露出红色的头。

吃过早餐，看动物去。我们到了一个叫“萨比萨比”（Sabi Sabi）的野生动物保护区。这是私人拥有的保护区，面积比许多欧洲国家还大。

非洲有“五大”，那是指最著名的五种野兽：象、狮子、豹、犀牛和野牛。野牛跻身其中，因为它最不定性，也最凶残，随时会撞死人。

最后加了“第六大”，那就是我们乘的九座路虎（Land Rover）吉普车，横冲直撞地在原野上奔驰。

这么豪华的待遇，与想象中的土著人头上扛行李、步行狩猎的印象完全不同，觉得有点不好意思。

野兽本性

原来看野兽只能在早上。为什么？它们晚上狩猎或防御别的动物袭击，不睡觉。到了下午，都躲了起来，看不到。

我们运气不错，一下子就看到了非洲巨象，是只公的。工作人员说，它只有十二岁，因为一群象只能容纳一只公的，所以它被它的父亲赶了出来，自己游荡，到了适婚年龄才能找到一群象，把老的公象赶走，自己拥有家庭。现在它是又孤独又可怜的未成年者。

车子到了河边，见一只数吨重的大河马潜在水中。我问：“何时才走上岸？”原来河马的皮虽然很厚，但晒不了太阳，一晒就灼伤，皮肤表层剥脱。全身不是流汗，而是流鲜红的血。

河马比狮子、大象的杀人概率更高。它们脾气坏，看不顺眼的就冲出来撞。试试给这家伙撞一撞，绝对会死人。

长颈鹿在河边喝水，四脚撑开，俯下头去喝。喝完之后一定先大力摇头才举首。它颈长，低下头去喝水时，血都流到头上，抬头时不摇头的话，会脑充血死掉。不说还真的不知道。

“萨比萨比”这个野生动物保护区到底是一家上市公司还是私人拥有？答案是后者。为什么一个人可以买那么大的一块地？钱从哪里赚来的？工作人员解释是祖传下来的。我们大失所望。

所有野兽只能看，不可猎杀。传说中给多少钱就能杀什么的，已成过去。

法律规定，如果不是繁殖过多，杀之有罪。

在这儿工作的人连羚羊也不杀，一起生活久了产生感情。那为什么餐厅中还有烤羚羊肉吃呢？“哦，那是人工养殖的，买回来烤的。”

最后看到两只大雄狮在嬉戏，我们的吉普车驾得很近去看。

“又没铁笼，不怕吗？”

工作人员解释：“这两只已见惯了吉普车，知道不是好吃的东西，我才敢驾到那么近让你们看的。”

非洲蓝火车

很多人不知道在非洲有这么豪华奢侈的火车，整辆火车漆成蓝色，叫“蓝火车”。有一阵子，为了载英国皇族，漆成松白色，也叫“白火车”。但随着殖民主义消失，还是叫回“蓝火车”。

车轨很宽，行走起来安稳，餐厅卡（即一节火车车厢）的玻璃水杯不会碰在一起叮叮当当。从新加坡到泰国的亚洲“东方快车”就因车轨太狭，摇得厉害，坐起来没那么舒服。

总统套房不大，但是设有浴缸。这一点，和欧洲“东方快车”一般高级。不必站着冲凉，对患有心脏病的人来说是福音。

有两个大酒吧，一个当成吸烟室。酒要喝多少有多少，是酒鬼的天堂。

最后一卡是展望台，隔玻璃窗——像个古画的镜框——让客人观赏野兽，也不怕它们来咬。

从约翰内斯堡到开普敦，一共是两天一夜，收五千块港币左右。

贵吗？设想两天吃六餐，还有酒店服务，二十四小时的小食供应，加上旅费，还是合理的。

在还没有飞机的年代，邮轮和火车不但是交通工具，而且是社交场所。愈高级愈多人想乘，其中当然夹着想把女儿嫁给有钱人的母亲。

餐厅卡的食物有鱼有肉，用的是当地最新鲜的材料。鹿和跃羊肉非常美味。用非洲独有的葡萄皮诺塔吉（Pinotage）酿出来的红酒，更是香醇。

沿途风景还是最重要的。乘坐欧洲“东方快车”可见河流、古堡，像穿越童话的世界；乘坐亚洲“东方快车”看来看去只是椰子树和向你招手的马来小孩；乘坐非洲“蓝火车”看到的是一望无际的大草原和各种不同的野兽。

来乘火车的人，不只有富有的老头，年轻人也不少。这是个愉快的经历，人生中绝对值得一游。

骑　马

骑马去看野兽，又有另外一番乐趣。

一起去的少女们，有些尝过摔马的苦头，死都不再骑，有些说什么也要试一试。

其实骑马这回事儿经专家指点过，很快就能学会。最重要的是，一定要让马知道你是主人，就那么简单。

怎么把这番话告诉马儿呢？很容易。骑上去之后用双脚紧紧地夹马腰，缰绳不能拉得太大力，也不可以放松。

千万别让它们低下头去吃草，一有恻隐之心，马儿即刻给你颜色看。

它们怎么欺负你？一下子跑得很快，让你的屁股不断地和马鞍冲击。女人还好受，男人那儿就差点撞肿。

这时候你一定要紧紧收缰，别自认威风地用一只手，否则容易出乱子。收不紧的话，马儿跑得更快。收缰记得用双手才够力。

停了下来，它又不走了。怎么办？用手去拍它们的屁股好了。“千穿万穿，马屁不穿”，这一招甚管用。拍得不够大力，一点用处也没有，这时候最好是折一枯枝，轻轻在屁股上刺激它们一下。马最怕荆刺，会乖乖听话。

再用手拍它们的颈项，说：“好马，好马！”这是拍马屁的另外一种方式。

缰绳一放松，马儿会说：“过分啊，老子跑得要死，你还在睡觉！”说完，它们便往低下来的树枝上撞去。它们自己没事，骑在马上的你，便会被树枝刮伤。

见到斜刺出来的树枝要即刻把缰绳拉左或拉右来避之，拉时要用劲，否则马儿听不到命令。

马儿忽然奔跑也不用怕，双腿夹紧，跟着一上一下的节奏弹起又坐下。压下来时要出力，马儿好像能感到你在骑它，就过起瘾来。当然，这只发生在雌马的身上。

教大家那么多，我自己也没骑过，经验完全靠看了很多西部片得来。

比 尔 通

在南非，最常见的食物是一种叫“比尔通”（Biltong）的东西。所谓“比尔通”，即肉干。非洲土著追踪野兽，一走就走个几天。这段时间用来维生的，就是这种肉干。样子像枯瘪了的香蕉，一长条一长条的，呈黑色。

任何肉都能做成“比尔通”，普遍用的是牛肉、羊肉、鸵鸟肉。但最美味的是角羊（Kudo）的肉，也最软。其他肉硬得很，嚼个半天也嚼不烂。

到处都有“比尔通”专卖店，将肉干挂在店外，招揽客人。现在这种食物已不只是土著爱吃，所有住在南非的人，不管是白人黑人都喜好。除了香港人，他们嫌脏不肯吃。

肉风干了，不放冰箱也不包装，就那么挂着任风吹日晒。肠胃不是很好的人，不敢碰它，也有点道理。

到了这儿，第一件事就是买一点来试试。先在超级市场或加油站小店中买，那是大集团做的，包装得好，一片片的肉看起来很卫生。初试后觉得味道不错，没有想象中那么硬，比嚼口香糖更有文化。

吃出兴趣，到专卖店去买，各种肉干都试遍，比大集团生产的好得多。专卖店也卖一个木架子，架中有一把像切中国药材的巨刃。长条的硬肉，不用这种刀子很难切开。

再追寻此味，看到著名的牛扒店“Butcher”也挂着一条条的肉干，即请大师傅切片。这老人家刀法好，片得很薄很薄。

令我想起中国香港“荣丰”的金华火腿片。和金华火腿一比，味道当然差个十万八千里。

但是如果让我选择中国台湾的牛肉干或非洲“比尔通”，我宁愿选后者。

很难形容其味，各位有兴趣，到南非去时请亲自试试，也许会像我一样上瘾。

埃 及

出埃及记

如果你是一个爱旅行的人，那么埃及的金字塔，是你一生中必游的圣地。

从老祖宗的黑白残照中，我们可以看到他们一早已经千辛万苦地跑到塔下拍一张。当今交通那么发达，还没有去过金字塔，好像说不过去。

为什么尚未去过？皆因人生旅行分两个阶段：年轻时充满好奇心，什么恶劣的条件都阻止不了你的决心；或者，经济基础已打稳，舒舒服服地前往。一错过了，就放弃吧。这时人生总有无数的忧虑，想多留点时间给孩子、担心有没有恐怖袭击等，让你有一千个理由裹足不前。金字塔？在明信片上或电视纪录片中看，不是一样吗？

我算是幸运，一生中去过三次：背包旅行、工作考察和当今毫无目的地旅游。埃及，一点也没有变，但心情已完全不同了。第一次接触埃及，是看了一部叫《帝皇谷》的好莱坞片子，由罗拔·泰莱（Robert Taylor）和伊丽诺·派嘉（Eleanor Parker）主演。

片中他们住的酒店叫“梅纳豪斯”(Mena House)。坐在阳台，金字塔就在眼前，印象犹深。这次我终于入住这家酒店。酒店已翻新又翻新，剩下旧建筑当大堂，新盖的客房在另一边。当今这家酒店被印度的欧贝罗伊（ Oberoi ）集团管理，听到这个名字，像少掉了很多埃及气氛。

由迪拜飞开罗也要四小时，加上候机，我差不多花了一整天才从香港抵达。中间也只是胡乱地塞一些食物进肚，是时候好好吃一餐了。写到这里，我想各位最有兴趣知道的是埃及菜有什么好吃的。没来之前我已做好心理准备，有什么吃什么。人家几千年文化，吃的一定有它的道理，发现好的，忍受难吃的就是了。

这么想太过天真，这几天吃下来的，粗糙得不可忍受，而且有一股难闻的异味。这异味来自他们用的香料，想避免也避免不了。这是为什么？背包旅行和工作考察时，怎么感觉不到？完全是因为心情不同。当你饥饿时，你不会挑剔，我指的是在精神层面的。

旅行，应该趁年轻。那时，你不会介意对方的牛仔裤穿了多少天，对食物的要求也不会像现在那么嫌三嫌四了。

为什么埃及没有美食？人家也是文明古国，吃的文化总可代代相传下来吧？我觉得地理环境不富庶，就没办法产生什么厨艺。人民维生已是问题，能够糊口就好，哪来的大鱼大肉呢？这只是我个人观点，不一定正确。

是，建筑金字塔需要无限的财富和智慧。但那只属于一小撮人在控制。普罗大众，还是贫苦的，对饮食没有什么要求。

人民的生活条件还是很差。开罗城很脏。通过市中心的人工运河，两岸堆满垃圾，像是已上百年没清理，再过几个世纪也是同样吧。金字塔还是老样子。经过数次的恐怖袭击，增加了许多荷枪实弹的人员，称为“游客警察”。旁边的驴子和骆驼尚在，一堆堆的排泄物，异味攻鼻，久久不散。我对这个恶臭产生过敏症，已达忍无可忍的地步。

趁年轻时，早点去看金字塔，你会爱上这古老的文明，感叹那伟大的工程。不然，只觉是堆叠积的巨石。记得我首次来时，去菜市场看奇异的蔬菜，在茶档中和当地人一块儿吸水烟，那种乐趣，当今重游时已经尽失。

埃及没有变，变的是我。

我开始觉得吃饭时看的表演，是冗长又单调的。一位艺人把身体旋转了又旋转，为什么好好的民间艺术要拉得那么长，重复又重复？再怎么好看也感到无聊。像我们的舞狮，永远是同一套动作。就算是那诱人的肚皮舞，女的身材再好，舞姿再怎么挑逗，也因为拉长了表演，令观众失去了兴趣。

再值得研究的历史和文明，也压得我喘不过气来。忽然，我对埃及感到极强烈的厌恶，想尽快地离开。因为这块古旧的土地代表了我垂垂老矣的心情。

我要学习摩西出埃及，带着的不是以色列人民，而是我那火样红的青春！

第五章

南美

热情壮阔

秘　鲁

利　马

从香港国际机场，乘半夜起飞的阿联酋航空的飞机到迪拜，要八小时，睡一觉，看部电影也就抵达，并不辛苦。

在迪拜的候机楼无聊，发了一张照片，是二楼整层。这里大沙发中间的每张桌子上，都有一个巨型的烟灰缸。我在微博上写：“是一种福利”。

马上有网友看完了问：“福利在哪里？”

当今到处都禁烟，机场中就算有个吸烟室，也小得似牢房，哪有这么大的空间。烟民们可以在此优雅地抽个饱，不必有偷偷摸摸的感觉。

四小时的候机时间到了，再乘阿联酋航空飞十六小时到巴西圣保罗。机场商店到处有足球纪念品售卖，但无人问津。

这次的三小时等待显得非常冗长，只好吞一粒安眠药，减少痛苦。

终于，在清晨两点钟到达最终目的地——秘鲁首都利马。

利马也有美国大集团的旅馆，但我们选了颇有风格的米拉弗洛雷斯酒店（Miraflores Hotel）。

在巴塞罗那住过一年，略懂西班牙语。“Mira”是“看”。西班牙人遇到名胜，都向我说：“Mira! Mira!”所以知道意思。至于“Flores”，则是“花”。两个字加起来，这一区我叫为“观花之地”。这里是利马的高级住宅区，临海，筑于悬崖上面，云飘到此，被悬崖挡住，常年灰灰暗暗。当地人乐观，说这种天气之下，生长的鱼特别肥美。我们在餐厅吃了，不觉鲜甜。

睡了一夜，翌日到市集去买纪念品。岩石地板被擦洗得光亮，人们在大街小巷也不乱丢垃圾。我发觉秘鲁人是十分爱干净的。

各种手织物，用小羊驼毛（Alpaca）织成的，最为常见。如果说到珍贵，则是一种叫“Vicuna”的骆马毛了，它的直径只有十一点七微米。有多细呢？人的头发，则是六十微米。天下最微细的是藏羚羊的毛，但已被全球禁止使用，穿了它的纺织品在发达国家海关被发现，就要没收。当今合法贩卖的，唯有被称为“神之纤维”的“Vicuna”了。

这种骆马也受到秘鲁政府的保护。不过毛不采集的话也会自然剥脱，所以每年一次，举行一个叫“Chaccu”的祭典。让一群穿着五颜六色衣着的村民，饮酒作乐，载歌载舞地走近野生的“Vicuna”骆马群，由大圆圈收缩到小圆圈。为不让骆马受惊，接触之后拿出大把古柯叶子给它们吃。此叶有镇静作用。最后才把毛剪下。

“Vicuna”的毛有长有短，腹部的最长。寒冷时它们会用长毛来盖住自己的身体。但纺织最高尚衣着的，则是其颈部的细毛。剪下后寄到意大利的“诺悠翩雅”（Loro Piana）去加工。这家厂做好之后再把部分的毛寄回给秘鲁。它是具有历史的纺织公司，也懂得欣赏最好的动物纤维。很久之前它已发现秘鲁有“Vicuna”，并大力资助秘鲁政府开发，功劳不浅。当今在秘鲁之外，就只能从“诺悠翩雅”买到，还有一小部分分售给日本的西川公司。

在“观花之地”的悬崖边，有一地下商场，其中一家叫“Awana Kancha”的店铺就有“Vicuna”围巾卖，售价是“诺悠翩雅”的三分之一。

在商场中也能找到专卖巴拿马草帽的店铺。“巴拿马草帽”只是个名称，实物产于厄瓜多尔。秘鲁离厄瓜多尔近，卖得也便宜。比起意大利的名帽公司博尔萨利诺（Borsalino）的价格，简直是便宜得令人发笑。

至于食物，当今许多著名美食家对秘鲁的美食十分赞扬。我们也抱着期待，午餐去当地最出名的食肆之一，叫为“Panchita”。

见周围桌子的客人都叫了一杯深紫色的饮品。当然拉着侍者指它一指，对方会意。过一阵子，饮品上桌。试了一口，鲜甜得很，口感也不错，名叫“Purple Corn”（紫玉米）。问说用什么做的。侍者解释了半天，又拿出一根玉米，全紫色的。拔一粒来试，像糯米。这种饮料里除了紫玉米，还加了橙汁和糖，很好喝。去了秘鲁可别错过。

食物大致上是以烧烤类为主。这点和巴西、阿根廷一样。南美洲等国，都很相似。另有番薯和猪肉为馅，由香蕉叶包裹后烤出来的粽子。叫的鸡，配黄色酱。此酱像咖喱，但绝无咖喱味，是蛋黄酱，并不特别。

汤也有像红咖喱的，有牛肉粒，分量极大。当地人叫这一道，已是一个午餐。烧烤上桌，味道和口感普通。较为好吃的是烤牛肚。特别之处在于食器。一个有双手柄的铁锅，里面摆着燃烧的炭，锅上有铁碟。肉类放在上面，不会冷掉。

晚上又去一家叫“La Bonbonniere”的名餐厅。各国美食家举起拇指推荐，但我们吃来，都觉得甚为粗糙，绝对称不上有什么可“惊艳”的。

古斯科古城

翌日一早，赶到机场。这次旅行的主要目的是去看“世界新七大奇观”之一，有“空中之城”之称的马丘比丘（Machu Picchu)。得从利马乘两个小时飞机，才到古斯科（Cosco）。这是海拔四千米的高原。但有了去中国的西藏、九寨沟，以及不丹的经验，高山症并难不了我。

飞古斯科的客机很小，一律经济舱，挤满了客人。当然也不至于像电影中那样带鸡带鸭入座。此航线是由当地最大的航空公司——秘鲁国家航空公司（Lan Peru）经营，飞机并不残旧。

但因为高山气流，一路摇摇晃晃，让人非常难受。好在只是三个小时，怎么也得忍下去。

一下机，脚像站不稳，说不怕高山症，是否有点反应？口很渴，在关闸内有一小店，大家望着“古柯”二字。“古柯”是做毒品“古柯因”的原料，这里公开贩卖。

西谚说，到了罗马，就做罗马人的事。有古柯喝，当然要试试了。

档口有一个大塑料袋，装满了晒干的古柯叶。给个两块美金，就可以任抓一把，放进杯中。小贩为我加满热水，叮咛：“要等到叶子变黄色，才好喝。”

拿着那杯古柯叶水，心急地等待，好歹颜色一变，喝进口，感觉没有什么味道。当地人说可以医治高山症，又可使人不会疲倦，肚子也不会饿，当宝。

对于我这种抽惯雪茄、喝惯浓茶的老枪，一点作用也没有。也许是要生吃叶子才有效，就再抓一把放进嘴里细嚼，有点苦，像吃茶叶，但绝对不像他们说的那么神奇。

当今，秘鲁商人已经把古柯叶子做成茶包，方便售卖。这么一来，更无神秘色彩了。

古斯科是印加帝国的首都，全盛时期遍地黄金，被西班牙人侵略后抢劫一空，整个古文化也跟着崩溃。异族带来的病菌杀光所有印加人，这是历史上最大的悲剧之一。

当今来到这个古城，虽不至于全是废墟，但也绝对称不上是一个繁荣的地方。

神圣山谷

一般去马丘比丘的人，多数由古斯科直接上山。但我们优哉游哉，先一路沿着山路，去到一个叫“神圣山谷”（Sacred Valley）的地方。

还真难想象，在深山之中，四千米高的地方还有那么大的一条河流。两边种满大树和各种奇花异草，加上那“杀死人”的蓝色天空，在雪山的包围之下，简直是一个仙境。

这里有家叫“Rio Sagrado”的酒店，名字照字面翻译，是“圣河”。其经营者是贝尔蒙德（Belmond）集团。

此集团原本为“东方快车”组织的一分子，当今分了出来。好在“东方快车”铁路还是保持原名，不然这个优雅年代的名字，就从此消失。

一间间的木屋依山而筑，里面设备齐全、高雅。经长途跋涉，我好好地睡了一个午觉。

黄昏醒来，看到夕阳映在河中。一大片的草原上，养着三只“Vicuna”驼马，让客人欣赏。

身上挂满当地织物和纪念品的妇人，是一活动杂货店。大家都向她们购物，发现妇女不会心算，更不用计算器，要多少美金叽咕了老半天也说不清楚。

我们旅行，一向是预先换好当地币值，对方说几多(即多少)给几多，懒得去和贫苦的老人拼命讨价还价了。

买了一件披肩（Pancho）。怎么选的？在那么多对象之中，选最抢眼的，一定错不了。这是买领带的时候得到的智慧。

我这件颜色鲜艳，五彩缤纷的。黄昏天气已较凉，是御寒的恩物。

散步完毕就在酒店吃饭。这集团的餐厅都有点水平，吃不惯当地食物的话可以叫意大利餐。为了安眠，不吃太饱。

翌日被饥饿唤醒，早餐甚为丰富，有各种水果选择。

看到五颜六色的热情果，也忍不住伸手拿了一个。这种东西打开之后里面有像青蛙卵般的种子，一向是酸得连阿妈都不认得。但很奇怪的，秘鲁的热情果甜到极点。今后有机会大家一试就会同意我的说法。

另外印象最深的，是一大盘白色的小米，前面有片纸条，上面用小字写着“Quinua”。

这是当地名，英文作“Quinoa”，中文是“藜麦”。一路上我们看到公路的旁边，都种满这种植物。这是秘鲁人的主食，在外地却没人注意。

自从美国航天员带到宇宙去吃，这才一鸣惊人。为什么？原来这是一种全蛋白食品。

食物可以分为全蛋白和不完全蛋白两种。人们需要的氨基酸有几十种，其中九种必须从食物中摄取。藜麦含有的，就是供应给人体的这九种氨基酸，而且完全没有脂肪。

换句话说，吃藜麦只有好处，食极不肥的。

给注重健康的人士知道了，藜麦就成了宝。秘鲁乡下佬日常进食的，卖到超级市场，五百克就要港币一百元。

中国内地不能进口，自己种，目前量少，五百克也要卖七十元人民币了。

最重要的是：好吃吗？酒店供应的是已经蒸熟后晒干的，加上牛奶就能当麦片一样吃。口感呢？一粒粒细嚼，不像白米饭或小米那么黏糊。味道呢？也许注重健康的人士会说很香，我并不觉有何美味，吃得进口而已。

但是愈吃愈感兴趣，放在鸡汤中，当成面或炒饭都行，是此行的最大发现。

饭后大家去周围看古迹。我说最大的古迹是马丘比丘，也就留在房间内写稿。我已疲倦了四处走走，吸一些“仙气”。

住了两个晚上之后，就出发到火车站，看到一列列全身漆成蓝色的火车。这是“东方快车”仅存的一部分线路。坐火车是上马丘比丘最豪华的走法。

火车维持当年的优雅，座位宽大舒服，从窗口和天窗可以看一路的雪山，车尾有个露天的瞭望台，在此抽烟也行。

餐厅车厢最为高级，白餐巾、银食器，红白餐酒任饮，食物则不敢领教。

马丘比丘

山路上有众多背包旅行者，这是出名的印加路线，要走四天才上得了山。也有高级的，途中设营帐，供应伙食和温水冲凉。背包旅行还是趁年轻去吧，我这种老家伙还是乘坐“东方快车”较妙。

两三小时后到达马丘比丘的山脚，四处有购物区。但大家已心急爬上去看，等回程再买。

这时才发现游客真多，很久以前的调查是每年四十万，现在不止。好在我们有先见之明，预订了一辆私人小巴士，不必排队，即刻上车。

这条山路可真够呛，回字夹（即回形针）般地弯弯曲曲，你那边看到一落千丈的悬崖，我这边看到的却较为平坦。路不平，司机拼了老命疯狂飞车，害怕的人是吃不消的。我经历过不丹的山路就不担心了。导游说他们一天来回几十次，从来没有发生事故。

四十分钟之后终于到达山顶，看到其他车的游客，有些一下车就作呕。

山顶也挤满人。这里唯一的旅馆，也是贝尔蒙德集团经营的，甚为简陋，但我们得在半年前预订，才可以住上两晚。

门口有几棵曼陀罗树，开满了下垂的花朵。此花在倪匡兄旧金山的老家看过，说是有毒。进了门，有两间餐厅，旅馆这边的较为高级，另一头的大众化。有自助餐供应，都挤满了人。整间旅馆只有三十一个小房间。我们的有阳台，还不错。

放下行李，心急地往闸口走。又是大排长龙，门票也不便宜。导游带我们直接走进去，省了不少时间。这次由好友廖太太安排，一切是最好的。她还细心地请了两个导游。年轻人由其中一个带头，可以直接前进；另一个留给我这个老家伙，慢慢爬山，要花多少时间都行。

上几个山坡，马丘比丘的古城就在眼前。第一次看，不得不说非常壮观。在这深山野岭，有这么一个规模巨大的部落，是凡人不能想象的。景观令人震撼。

这就是漫画中形容的“天空之城”了，所谓“世界新七大奇观”之一。如今只是一堆废墟，另有数不完的梯田。说是很高吗？又未必，只有海拔两千多米，还低过刚抵达的古斯科城。

说古老吗？也不是，马丘比丘建于十四世纪中期，是我们的明朝年间。由印加王国权力最大的帕查库提（Pachacuti）国王兴建。西班牙人入侵后，带来的天花，毁灭了整个民族，马丘比丘也跟着荒废，直到一九一一年才被美国人海勒姆·宾厄姆(Hiram Bingham）“发现”。其实山中农民早就知道有那么一个地方，太高了，不去爬罢了。

老远来这一趟，还得仔细看。导游细心地指出这是西边居住区、栓日石、太阳神庙、三窗之屋等。慢慢地又走又爬，并不辛苦。

进口处，只是一个小石门，并不宏伟。但从石头的铺排，可以看出印加文化中对建筑的智慧。几百斤到上吨的石头，怎么搬得上去？一块块堆积，计算得天衣无缝。一定是外星人下来教导的。

“‘马丘比丘’这个名字是什么意思？”我问导游。

导游回答说：“一般人以为一定是什么神秘的意义，其实我们的语文，不过是指一个很古老的山罢了。”

“这里住过多少人？”

“根据住宅的面积估算，最多时有七百五十人左右。”

“用来祭神的？有没有杀活人？”

“历史都是血淋淋的。”

“那么为什么什么地方都不选，非要在这个高山上建筑不可？”我提出最后一个问题。

“众说纷纭，没有一个得到确实。”他老实地回答。

我自己有一套理论：一般的，印加人都要往高山住去，那是因为他们受过河流泛滥的天灾之苦，觉得愈高愈安全。道理就那么简单。

不管是对是错，到了古斯柯高原，又一路观察建筑物都在高处，也许没有说错。

第二天又要爬山去看日出，但乌云满天，唯有作罢。

在旅馆中静养，感受天地之灵。到了深夜，走出阳台，看到满天星斗，印象深过这个古迹。想起东坡禅诗："庐山烟雨浙江潮，未到千般恨不消。到得还来别无事，庐山烟雨浙江潮。"

下山时，又是大排长龙。遇到三位香港青年，不乘飞机，是走路或乘车来的，真佩服他们。本来包了车，可以送他们一趟。但有些等得暴躁的美国八婆，见我们的车子有空位，想挤进来。司机不理会。她们不明白"有钱老爷炕上坐"的道理，拼命地拍打车门，我们也就急着走了。

到了车站，再乘数小时火车，终于到达古斯柯的旅馆贝尔蒙德帕拉西奥纳扎林酒店（Belmond Palacio Nazarenas）。这个美轮美奂的酒店，令我们有又回到文明世界的感觉。

帕拉西奥纳扎林酒店

古斯科的帕拉西奥纳扎林酒店位于市中心，一走出来四通八达。深夜抵达，非常疲倦，没有仔细看就走进房。见那有四柱的大床，干净得不得了。

浴室也有一间房那么大，中间摆着一个白瓷的浴缸。地板是通了电的，不感冰冷。浸个舒服的澡，倒头就睡。咦，为什么感觉不到古斯柯海拔四千多米的高山症？

醒来才知道，通气口输送出来的不是冷风，而是氧气。这家酒店什么都为客人着想。

肚子饿，去吃早餐。经过高楼顶的长廊，四面古壁画还有部分保留着，中庭种的迷迭香传来诱人的气息。食欲大增，急步走到餐厅。

蔚蓝色的天空，衬着更蓝的池水。池边传来音乐，是位当地有名的竖琴家的演奏。

整家酒店也只有五十五间套房，客人不多。食物是这段旅行中最丰盛的。

“医”了肚，步行回房。经过一处，探头一看，原来是个私家教堂。墙上挂满歌颂上帝的油画。画中的天使，肥肥胖胖，双颊透红，是在哪里见过？

是在费尔南多·博特罗（Fernando Botero）的画中。这位哥伦比亚画家无疑到过秘鲁，灵感由此而来吧？

回房，打开很小的窗口，阳光直射。小小的书桌上摆着从花园中采来的鲜花，我一一挪开。

别人出外购物，我独自留下写稿。在这么优美的环境下不创作，多可惜。

漫步古斯科街头

外出散步，看到到处是鹅卵石铺的街道、长长的狭巷。周围小屋依山而建，是平民住的，和香港的完全不同。

到当地的教堂走了一圈，金碧辉煌。真金的被西班牙人掠走，贴金箔的留下，还剩许多许多。

修道院的地板亮得像擦亮的皮鞋。有些乡下来的小孩在上面打滚，赖着不肯回家。

午餐就在地道餐厅解决。之前经过小贩摊，见一箩箩的面包，比胖子的脸还大。买了一个，港币五元。懒人可以穿个洞套在颈上，吃个三天。

到一家叫“Los Mundialistas”的餐厅用餐。当地的食物变化不多，通常是炸猪皮、烤猪肉和玉米煮的汤。

这里的玉米一粒有我们常见的五倍大，但不甜。汤黄黄的，有颗大灯笼椒。当地人就靠这个吃饱，真没有想象中那么美味。

鸡汤中放了很多的藜麦，尚可口。

走到当地的菜市。咦，怎么想起越南胡志明市的槟城菜市？外面卖菜卖肉，里面是小食档。

香肠有胖子手臂那么粗。到处看到猪头牛头。人穷了，当然不会扔掉任何东西，也由此产生食物文化。

有更多的面包档。面包有各种花纹的，都大得不得了，有些撒上芝麻。穿白色女服的妇女坐着，也不向客人兜售，要买就来买吧。

还有各种蘑菇。我问导游有没有吃了会产生幻觉的。她大力摇头，好像遇到了“瘾君子”，但还是很同情地说：“古柯叶子大把，你要不要试试？”

我没兴趣。看到一大堆一大堆黄颜色、卵状的海鲜，大概是这里的鱼子酱吧，没机会试了。中间还有葡萄般大、绿色的水晶体，是什么？不怕脏，还是抓了一粒送进口。“波”的一声爆发，的确像鱼子，但是素的，一种海藻罢了。进口做成斋菜，也是想头。

看到处卖着鲜花，问价，便宜得令人发笑。住在这里，每天大把送各个女友，也穷不了。

晚上，去酒店隔壁的餐厅“Map”。它开在博物馆内的中庭，为了不破坏博物馆的气氛，整间餐厅四面玻璃，像一个巨大的货柜箱。没有墙壁，也不必搞装修，唯一的摆设是在进口处点着一大排的粗蜡烛，已经够了。我非常欣赏这个设计。

食物就一般，回房啃吃剩的大面包，更好。餐厅的菜虽然不合胃口，那是我的事，别人吃得津津有味。

可是那是西餐呀，到了秘鲁，还是应该吃烤猪肉，喝鸡汤加藜麦，再加上一杯紫色、浓郁的玉米汁。

当地做的“Cusquena”味道比德国啤酒浓。但我喜欢的是这家厂的黑啤酒，每次一坐下来，就向侍者说：“Cerveza Negra，Por Favor（请给我一瓶黑啤）。”他国把啤酒统称为“Beer”，只有西班牙人的叫法不同。

再经过几小时飞行，回到首都利马。当地正在选市长，很多路都被宣传队伍封住了，兜个老半天才回到悬崖上的米拉弗洛雷斯酒店。

“今天吃些什么呢？”大家对当地食物有点厌倦，第一个想到的就是去中餐厅。

我们说不如到超级市场买些罐头来野餐吧。这里中国人开的连锁超市叫“王氏”（Wong's），由一家杂货店做起，变成集团，到处可见。可惜近来卖给了乌拉圭人，不知行不行。还是中餐厅较为妥当。

中国菜在秘鲁被称为“Chifa”。不言而喻，就是“吃饭”的音译。最后大家还是去了世界美食家都推荐的“Amaz”，东西可口，但受中国菜影响颇深，都是煎煎炒炒。原来美食家们没试过 “Chifa”，就惊为天人了。

吃罢，明天再到阿根廷去。

阿 根 廷

吃烤牛肉和吸马蒂

这次是从秘鲁的利马来阿根廷，比从香港出发轻松得多了。

抵达后先在首都布宜诺斯艾利斯停一晚，入住当地最好的“四季酒店”，偏离市中心一点，交通也算方便。对阿根廷的第一个印象是从旅馆浴室里的照片得来的。照片用黑白的影像，以俯视的视角，呈现一对跳探戈的男女。

探戈，是阿根廷的灵魂。

但布宜诺斯艾利斯不像墨西哥城那么有欢乐的气氛，这个城市是保守的，是深沉的，是充满独裁者足迹的。

它的大道真的大，往返各十条车道。没有专制的行政，是不能把原住民赶个清光建筑出来的。名为小巴黎，可是灯光幽暗，没有夜都会的灿烂和浪漫，守旧得很。

第一件事当然是往酒店的餐厅钻。据西方人称，这里的烤牛肉是天下最好的，必尝不可。

分量的确是全世界最大的。主角牛扒还没有上桌之前，面包、小吃、沙律等，已填满了客人的肚子。牛扒上桌，月饼盒般大，香喷喷地烤出来。侍者也从来不问你要多少成熟，总之是全熟（Well Done）。

之前我想点鞑靼牛，侍者好像听到野蛮人的要求，拼命摇头：“我们这里不流行吃生的！”

全熟牛扒咬了一口，硬呀，硬！

怪不得壁上挂满锋利的餐刀，吃时名副其实地锯呀锯。

一定很有肉味吧？也不然，一般罢了。但是这是全城最好的，也是最贵的呀！上帝，饶恕我这个无知的人。

我还是觉得要吃肉味的话，纽约人的“Dry Aged”（干式熟成）牛扒，肉味才够；要是吃软熟的，那么欣赏和牛吧！但是，有很多人说：“日本牛肉虽然入口即化，但一点牛肉味也没有！”

这回轮到上帝要饶恕他们了。他们没有吃过最好的三田牛，那种独特的牛肉味，是不能与夏虫语冰的。我说这种话完全是缘于亲身体验，一点偏见也没有。

整个阿根廷的旅行，都是在吃烤牛肉，一餐复一餐。去的都是当地最好的、外国老饕赞完又赞的餐厅，也到过当地最平民化的食肆，没有一间是令我满意的。

也许是选的部位不对吧？我们叫过肉眼，叫过肋骨，叫过面颊。

好友廖先生刁钻，说要“沙梨笃”！什么是“沙梨笃”？一般食客也不懂，莫说阿根廷人了。只好向他们示范，拍着屁股。哦！领会了，是屁股肉。烤了出来，同样是那么硬，那么乏味。

第二晚，又去了另一家著名的烤肉店。餐厅墙上挂满足球名将的T恤，柜子里也都是有关足球的纪念品。这家叫“La Brigadas”的餐厅好难订到位子，好在我们很早到。所谓早，也是晚上七点半，原来他们的习惯是十点才算早。

先要了当地最好又最贵的红酒“迪维卡迪娜”（D.V. Catena）和“卡氏家族”（Catena Zapata），都产自马尔贝克区（Malbec）。喝了一下，不错不错，很浓，有点像匈牙利的“牛血”（Bull's Blood），但总比不上法国佳酿。

值得一提的是侍者开酒的方法。他们把封住瓶口的那层铁箔用刀子仔细地剔开，成为一个小圈子，再把樽塞套住，让客人先闻一闻，就知道喝的是什么牌子的酒。

餐厅领班前来，一套笔挺黑西装，头发全白，态度严肃，一副非常权威的架势，像武侠片一样，“嗖”的一声，拔出来的是插在腰间的叉和匙。

咦，怎么不是刀，而是匙？

大块肉，各种部位的肉，烤得熟透了上桌。领班大显身手，用很纯熟的手法把各种肉一块一块地切开，分别放在我们面前的盘上。

邻桌的美国游客看了也拍烂手掌。我等领班走开时，把他那根汤匙用手指一摸，原来是磨得比剃须刀更锋利的器具。

对阿根廷印象不好吗？不是，不是。

最欣赏的是，他们喝的马蒂（Mati）了。

饮具是将一个小葫芦挖空了当小壶，有的镶银镶铜。

再把小壶填满了干“Yerba”叶子，翻成中文是“冬青叶”，但不知和中国的冬青有没有关系。这时，就可以注入热水，注意，只是热，不能滚！

最后，插上一根叫“Bombilla”的吸管。别小看，很讲究的，管底有一个个的小洞，用来隔着叶子的粉末。这管子贵起来也要卖好几千元港币。

这时可以吸了。我是最勇于尝试的人。味道呢？又苦又涩。别人怎么想不知，我自己是很喜欢的。

对了，这和我们喝茶一样。我们看阿根廷人吸马蒂古怪，他们看我们喝工夫茶也古怪。我们喝了上瘾，他们也不可一日无此君了。

他们是随身带着热水壶，不断地冲，不断地吸。你吸完之后有时给第二个人，都是同一吸管。香港人看了吓到脸青，有传染病怎么办？阿根廷人从不考虑这些，如果把马蒂递给了你，而你做出怕怕的不敢吸的表情，那么他们永远和你做不了朋友，你是永远的敌人。

带着吃烤牛肉和吸马蒂的经验，我们开始了阿根廷的旅行。

布宜诺斯艾利斯

布宜诺斯艾利斯（Buenos Aires），照字面翻译是“好空气”，在西班牙语中也有“顺风”的意思。导游一定会带你到五月广场（Plazza De Mayo），这里有行政中心、剧院、教堂。但我觉得规模比起欧洲城市的，都不足道。

反而是下一个例牌（原意为赌博中特例的牌型，此处是常规的意思）观光区的传统街道好玩。到了这里游客们都免不了举起手机拍下五颜六色的房屋。传说是穷苦人家用别人剩下的油漆涂上的。其实最美的还是蔚蓝的天空，中国游客到了此处，都不拍房子，拍的是天空。

各处墙壁充满著名的涂鸦画家的作品，有人不断地修补。也有未成名的画家的，只当成观光纪念品出售。

官方汇率很低，大家都懂得在这里把美金换成阿根廷比索。我一向有预算要花多少，一次性兑换了，就不必每次去计算。

到了这里就听到探戈音乐了，也有真人在咖啡店外表演。男的黑西装；女的大红裙子，开衩处可见大孔的网状丝袜。但女人样子都长得丑，身材略为肥胖，一点也不性感。

我在小商店里买了第一个喝马蒂的壶。葫芦壳上雕了花，吸管上有一对男女跳探戈。也知道是游客纪念品，花了一百美金。当大头鬼（粤语，指阔佬、有钱人）就大头鬼吧，不在乎，只是怕下次再也看不到，要回头也来不及。

大街小巷都是烤肉店。简陋的档口只是在一个大炭炉上面放了块铁网，就那么卖起来。要了一块肉试试，照样是很硬很硬。

被咖啡店的蓝色桌子吸引，探头去看。院子里有一木头公仔（即卡通人物），做成一个灰发老头；旁边坐的是一个真人，样子很像假的。拍了张照片，对比起来成趣。

处处还有其他木头公仔，球星马勒多纳（Maradona）的不少，才想起他也是阿根廷人。

坐下喝杯咖啡吧。导游说这里的水平低劣，还是去百年老店“Cafe Tortoni”，地点在市中心，招牌用“美丽年代”（Belle Epoque）的字体写的。这家店外貌像间电影院，有个玻璃橱窗卖该店的纪念品。

里面古色古香当然不在话下，是间阿根廷的“陆羽茶室”。到了布宜诺斯艾利斯非光顾不可。天花板上有一大片的彩色玻璃窗，灯光由里面照出。整间店挂满古董灯饰，怀旧的气氛实在浓厚。壁上有各位明星、政治家、作家、歌剧家的照片和道谢状，当然少不了探戈的海报。喜欢历史和考古的人可以慢慢欣赏。

咖啡我不在行，要壶马蒂吧？也有得供应。一般马蒂是友人之间喝的东西，非商品，不卖。但应游客们的要求，当今各酒店的食肆都可以找到，好在没有做成茶包。

说是咖啡室，各种酒齐全，摆在酒吧后面。大清早不喝酒了，还是来些别的。我一向不喜蛋糕之类的甜品，见友人叫了，也每一种试它一口，甜得要命。甜品嘛，就应该甜得要命才算是甜品。

如果怕甜，有种像我们的油炸鬼（即油条）一类的东西，整个拉丁民族区都卖这种食物，也甜，但不会甜死人。

请导游带我们到古董街走走。自从买拐杖送倪匡兄后，我自己也染上“手杖癖”，每逢一处，必寻找。当今虽然还不必靠它，但已够年龄和身份撑手杖。这是一种多么优雅的事，何乐不为？

看过多间，都有一些，但较普通。这个城市的古董店显然不是每一件商品都珍贵，但至少不至于弄假货来骗人。最后给我找到一根，手柄是银制的，有个机关，一按掣，打开来是个烟盒子，可放几根香烟后备。非常喜欢，也就不讲价买了下来。

晚上去看探戈表演，也可以请导师来教，费用不便宜，据闻都是大师级的，太专业了。音乐非常值得欣赏，我从小爱听，什么“La Cumparsita”“Jealousy”等，如雷贯耳，听现场演奏，更是震撼。

还是“医肚”吧。最著名的是一种烤包，外形像我们的饺子，但有手掌般大，里面有各种馅料，叫“Empanadas”。

这不是用来吃饱的，是在正餐与正餐之间吃的，算是点心。我们要了几个就饱得不能动弹。

饿的时候看来是诱人的，外层烤得略焦，香喷喷地上桌。一吃，馅并不是很多，觉得有点孤寒。而所谓“馅”，不像我们包饺子时调制过的，就是些芝士、番薯粒之类的斋菜，但也有较贵的肉碎，总之下得不多。

我们去的这家叫“El Sanjuaninos”，很出名，里面装修古朴，给人一种家庭的温暖感觉。侍者也亲切幽默，显然应付过很多外国客人。一声不出地捧来一大盘烤包，各种馅的齐全，我都试了一小口就放下。这种东西早已声明是用来填肚地，非美食。

菜单很厚，仔细研究后点了最多人叫的豆汤。豆汤平平无奇。但是他们做的牛肚、羊肚就很精彩，值得推荐。这里还卖鹿肉，但没特别的野味。

气氛还是一流的，价钱也便宜得令人发笑。各位到了布宜诺斯艾利斯，也不容错过。

大 冰 川

第二天就出“海”了。所谓“海”，是个大湖。包了一艘大船，航行了一个小时左右。在船上餐厅大喝马蒂，心急地等待。

终于有块冰川的“碎冰”漂来。所谓“碎冰”，也巨大，像个小岛，竟然是蓝颜色的，像染过小时用的蓝墨水的“Royal Blue”（品蓝）色。大家喝彩，后来漂来的愈来愈多，看厌了也不觉新奇。

终于到达冰川，像整个蓝色的大陆。一个一百三十五米高的大冰块出现在眼前，到底是值得一看的。

船停下，船夫用铁钩拉了一大块冰，凿开，做鸡尾酒给我们喝。我还是要了一个大口威士忌杯，把冰放在里面，再注入酒。这是上亿年冰的“On the Rock”（指先在杯中放入冰块，然后将酒淋在冰块上），相信在酒吧中是喝不到的。

原以为这就是最高最大的冰川，后来发现翌日到达的“Perito Moreno Glacier”（莫雷诺冰川）才是最厉害的。整个冰川的面积是二百六十七平方英里，被选为世界天然文化遗产。你会感觉整个天、整个地都是冰。阿根廷政府知道这可赚钱，投入大量资金建有长长的木头走廊，方便游客从各个角度去欣赏。年纪大的人有电梯可乘，其实步行起来也不艰难，不然可以乘船环绕着看。

脚踏冰川是要看季节的。我们不巧没遇上，但在冰岛时已经走过，这次在远处近处都能观赏，也就算了。

本来想要多描述一点游冰川的经历，但已怎么想都没什么可以写的了。

只是离开时，从飞机窗口望下，才知道那是巨大的河流直注入海，遇冷空气忽然全部凝结成冰川。相较之下，我们到过的比微粒还小。

如果这么一来也学不到什么叫谦虚，就没话可说了。

伊瓜苏瀑布

我们来到了阿根廷之旅的最后一站——伊瓜苏瀑布（The Iguazu Falls）。

从飞机上向下看，一片又一片的热带雨林，连绵不绝，有较亚马孙的还大的感觉。巨川穿过，到了伊瓜苏瀑布口收窄，称为“魔鬼的喉咙”。

整个瀑布呈“J”字形。“不是很大呀。”飞机师听到了哼哼一声：“到了下面你就知道了。”

世界有三大瀑布：南非赞比亚和津巴布韦之间的维多利亚瀑布；巴西和阿根廷之间的伊瓜苏瀑布；还有看过伊瓜苏之后，罗斯福夫人叹为可怜的美国和加拿大之间的尼亚加拉瀑布。

到底哪一个最大？据资料：“伊瓜苏”最阔，但中间给几个流沙堆积成的岛屿分割，变成“维多利亚”最大。而尼亚加拉瀑布的高度只有“伊瓜苏”的三分之一，最没有看头了！

谁最大都好，伊瓜苏瀑布从各个不同角度可看到各种不同形状，总计有好几百处，伊瓜苏瀑布毫无疑问是天下最美的。

“伊”字在当地语言中是“水”的意思，而“瓜苏”就是“大”了。有个美丽的传说：天神想娶一个叫“娜比”的少女。但她和爱人乘独木舟私奔。天神大怒，用巨刃把大地切开，造成瀑布，将这对情侣淹死。

要游“伊瓜苏”，先得进入巴西境内。有个一千七百平方千米的国家公园，保护着这里的一草一木。沿途看到巨喙的大鸟和鼬鼠，并不怕人。

终于到达我们要入住的“达斯瀑布酒店”（Dias Cataratas），外表粉红色，像出现在《时光倒流七十年》的电影中那么浪漫。

经花园到游泳池，再进房后，先看浴室。浴室已比普通套房还要大。房间内一切设备完善，书桌上摆满鲜花，让客人不想出门。

但已经心急，趁着夕阳未沉，直奔就在酒店前面的“伊瓜苏”，才明白飞机师所谓，确实伟大！瀑布一个接一个，颜色不断地变化。水流隆隆作响，冲到石头溅散，造成几十道的彩虹。这是天下最美的景色。要求婚的话，带女朋友来，才算有情调。

欣赏瀑布有几个方法，我们都玩尽了。翌日乘直升机，从高处感觉不到瀑布的威力。再乘船，除了被水溅得一身湿之外，别想拍什么照片。

最好的，当然是步行了。我们除了在巴西这边看之外，还折回阿根廷那边欣赏，角度更多。阿根廷政府致力发展旅游，搭有完美的木梯让游客一步步爬上爬下，上年纪的游客则有电梯可乘。

我沿着木梯从上游走下，像进入了瀑布的心脏。此景有如李白形容的“水从天上来”！

水珠造成的视觉效果，几乎都是彩虹。一生没有看过那么多彩虹。每次看到一道，都想见见彩虹的末端，是否有像洋人形容的出现一锅金子？这次证实是找不到的了。

和马丘比丘一比：一个是静的，一个是动的；一个是死的，一个是活的。这种人生经验难得，必去的地方，伊瓜苏瀑布是首选。